粮 优

——河南省优质粮食工程管理实务

（上 册）

朱保成　主编

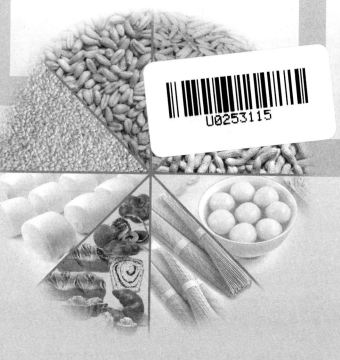

黄河水利出版社

图书在版编目(CIP)数据

粮优:河南省优质粮食工程管理实务:上、下册/朱保成
主编. —郑州:黄河水利出版社,2019.5
ISBN 978 - 7 - 5509 - 2323 - 2

Ⅰ.①粮…　Ⅱ.①朱…　Ⅲ.①粮仓 - 仓库管理 - 河
南　Ⅳ.①S379.3

中国版本图书馆 CIP 数据核字(2019)第 058716 号

出　版　社:黄河水利出版社
　　　　地址:河南省郑州市顺河路黄委会综合楼 14 层　　邮政编码:450003
发行单位:黄河水利出版社
　　　　发行部电话:0371 - 66026940、66020550、66028024、66022620(传真)
　　　　E-mail:hhslcbs@126.com
承印单位:河南瑞之光印刷股份有限公司
开本:710 mm × 1 000 mm　　1/16
印张:36
字数:627 千字　　　　　　　　　　　印数:1—3 000
版次:2019 年 5 月第 1 版　　　　　　印次:2019 年 5 月第 1 次印刷

定价(上、下册):98.00 元

编纂委员会

序　言

粮食是关系国计民生的重要战略物资。"洪范八政，食为政首。""五谷者，万民之命，国之重宝。"无农不稳，无粮则乱。习近平总书记明确指出："我国是个人口众多的大国，解决好吃饭问题始终是治国理政的头等大事。""中国人的饭碗任何时候都要牢牢端在自己手上，我们的饭碗应该主要装中国粮。"要求我们"要扛稳粮食安全这个重任。发挥自身优势，抓住粮食这个核心竞争力，延伸粮食产业链、提升价值链、打造供应链"。

粮食经济，在我国国民经济结构中占据重要的基础性地位。当前，全国粮食流通产业发展总体上趋稳向好。随着连年丰收，全国粮食生产自 2013 年以来连续 6 年稳定在 1.2 万亿斤以上，总产、库存、加工"三量齐增"。与此同时，粮食流通领域的结构性矛盾突显。一是由于我国粮食生产以家庭承包经营为主，农民处理、保管粮食水平不高，粮食损耗浪费较为严重；二是粮食质检体系不完善，从田间到餐桌的粮食质量安全面临许多新挑战，个别地区粮食污染问题比较突出；三是我国粮食深加工程度不够，低端产品居多，有效供给不足，国际竞争力不强，整体产业仍以劳动密集型为主，自动化、智能化和信息化程度不高，其生产链条、供给链条和需求链条连接也不够紧密。

为有效解决上述问题，财政部、国家粮食局（现国家粮食和物资储备局，下同）根据国务院有关文件精神，决定自 2017 年起，用三年时间在粮食流通领域启动以粮食产后服务体系建设、质量检验监测体系建设和"中国好粮油"行动计划为重点的"优质粮食工程"。

优质粮食工程旨在通过中央财政引导性资金投入，有效激活市场，充分调动各类社会主体积极性，更好地发挥粮食流通对生产和消费的引导作用；通过"增品种""提品质""创品牌"，大力发展绿色营养健康的粮油产品，积极推动实现高质量发展；通过提升质量来改善供给，更好满足人民对粮食质量日益增长的需要，不断增进人民群众的安全感、获得感和幸福感。这对深化农业供给侧结构性改革，引导粮食种植结构调整，提升粮食品质，促进农民增收、企业增效，加快粮食产业经济发展，推动粮食消费转型升级，满足消费者从"吃得饱"到"吃得好"的转变，从而在更高水平上保障国家粮食安全等，具有十分重要的意义。

2017 年 5 月，财政部、国家粮食局联合印发了《关于在流通领域实施"优质粮食工程"的通知》（财建〔2017〕290 号），决定采取竞争性评审方式，遴选"优质粮食工程"首批重点支持省份。在省委、省政府的大力支持下，河南省粮食局（现河南省粮食和物资储备局，下同）会同省财政厅，经深入调研，精心设计，认真筹备，制定了切合实际的《优质粮食工程实施方案》和各项申报材料，最终在全国 31 个省市区的激烈竞争中以优异成绩胜出，成为全国优质粮食工程首批重点支持省份之一。

省粮食局会同省财政厅，在深入调研和认真总结以往工作经验的基础上，从顶层设计入手，针对项目申报、审核、评审、公示、确定、实施、验收和绩效评价等环节，制定和建立完善了一系列硬性条件、规范程序与规章制度，确保了工程项目的顺利实施。目前，河南优质粮食工程项目建设正在健康、有序地推进，不少创新性做法得到了国家粮食和物资储备局的肯定与赞扬。此书的出版，既是河南粮食经济发展过程中的阶段性经验总结，也可作为当前全省推进优质粮食工程项目实施的培训教材和操作手册，具有很强的实用性、操作性和指导性，相信会对我们的粮、财干部有所裨益。

河南省粮食和物资储备局局长

2019 年 5 月

前　言

　　进入新世纪以来，我国粮食连年丰收，一方面主产区库存爆满，居高不下；另一方面，粮食质检和产后服务能力较弱，优质绿色粮油产品供给不足，难以满足新形势下的粮食收储和城乡居民日益增长的消费需求。

　　为有效解决上述问题，推动粮食经济高质量发展，2017 年 5 月，国家粮食局（现国家粮食和物资储备局，下同）、财政部决定利用三年时间，实施以粮食产后服务体系建设、质量检验监测体系建设和"中国好粮油"行动计划为重点的"优质粮食工程"。作为全国首批"优质粮食工程"重点支持省份，河南计划三年投资 40 多亿元，建设 1016 个粮食产后服务中心、91 个粮食质检中心、24 个中国好粮油示范县、17 个中国好粮油省级示范企业和 2 个低温成品粮公共库示范项目。

　　"优质粮食工程"国家重点支持省份的竞选成功，为河南粮食经济高质量发展争取了难得机遇，为全省各级粮食、财政干部在项目实施中切实做到客观公正、规范操作、顺利推进、预防腐败，带来了严峻挑战。

　　抓住机遇，迎接挑战，制度管人，规程管事，是河南"优质粮食工程"项目实施的突出特点。

　　强调结合实际。在"优质粮食工程"的推进过程中，河南省注重结合实际，勇于探索实践，坚持因地制宜，形成了具有河南特色的建设思路。粮食产后服务体系，明确了包括原址改造和烘干设备购置在内较为宽泛的建设内容，要求各地根据当地实际需求自选申报，不搞"一刀切"。各地从实际出发，以粮食仓储、加工企业和农民合作社为主体，积极推进项目建设，并在建设中注重解决仓储设施布局不合理、危仓老库占比过大、部分库容和"五代服务"设施短缺等突出矛盾和问题，重在通过原址改造和设备购置等，满足优质粮食专收专储的实际需求，改善安全储粮条件，为农提供更好的产后服务；粮食质检体系建设以粮食行政管理部门、粮食质检机构、第三方检验机构和涉粮大学为建设主体，重点实施省市县三级质检机构的监测能力提升，服务优质粮油生产、收获、储存、加工、销售环节的质量调查、品质测报和快速监测、质量检验等，构建全方位、无死角的粮食质检体系，打造从田间到餐桌的粮食质量安全"防护网"；"中国好粮油"行动计划紧紧围绕省政府提出的农产品"四优四化"发展战略,坚持与主食产业化,与放心粮油工程,与粮食产业经济发展紧密结合,形成了好粮油示范县、示范企业、加工企业等多种建设主体参与的河南特色模式。

搞好顶层设计。为既顺利推进"优质粮食工程"项目实施,又从根本上消除腐败风险,保护财粮干部职工,河南省粮食局(现河南省粮食和物资储备局,下同)会同省财政厅,借鉴粮食危仓老库维修改造、仓储智能化升级工作的成功经验,精心搞好顶层设计,出台了一系列规章制度,明确了从省到市县政府及其粮食、财政部门和企业的职责、任务及相关要求,规定了项目组织申报、审核、推荐、评审、招标、施工、监管、检查、验收等各个环节的相关条件、管理办法、操作规程、技术标准和目标要求等,真正把各级权力装进制度的笼子,为项目的整体推进与顺利实施提供了重要前提与制度保障。

明确职责任务。省粮食局、省财政厅负责顶层设计和政策标准制定、督促抽查政策落实及项目实施情况,协调解决工作实施中的重大共性或政策性问题;市、县人民政府负责地方自筹资金落实和项目全面组织实施;省辖市、省直管县(市)粮食局、财政局负责项目审核推荐、质量监管、竣工验收等;各级财政部门负责专项资金拨付与监管,提高资金使用效益;粮食部门负责项目申报、实施与管理等具体组织工作,监督检查建设进度;项目单位(企业)具体落实财务管理、项目实施和项目监督等责任,并建立项目公示、公告制度,及时将项目名称、实施内容、进度计划、资金安排及中标单位、监理单位和具体责任人、举报电话等情况在一定范围内张榜公布或公示,主动接受职工群众和社会监督。

公开征集专家。省粮食局通过制定条件、标准、要求,以及网上公开征集报名、认真组织审核把关、党组讨论研究决定等规范性程序,向省财政厅专家库推荐,充实了必要的粮食仓储设施建设、粮油食品加工、粮油储藏、质检专家等;优中选优地筛选出部分骨干,组建了河南省粮食产后服务体系建设专家组和河南省"中国好粮油"行动计划专家组,并明确河南工业大学为全省"优质粮食工程"技术支撑单位。这些单位和专家,在全省"优质粮食工程"工作中,发挥了重要的标准制订和技术引领作用。

规范项目申报。粮食产后服务体系建设按照整县推进的原则,每年选择全省约三分之一的县,根据粮食生产的集中度、粮食产量和服务功能的辐射半径情况,建设三种类型的粮食产后服务中心,最终实现全省产粮县区全覆盖;粮食质检体系建设按照"机构成网络、监测全覆盖、监管无盲区"的工作方针，建立与完善省、市、县三级粮食质检机构；中国好粮油行动计划结合河南实际，组织专家制定了"好粮油"系列产品标准、企业和示范县遴选条件等，从全省粮油加工企业（产品）中遴选河南放心粮油（主食）企业（产品），在河南放心粮油（主食）企业（产品）中遴选河南好粮油（主食）企业（产品），在河南省好（放心）粮油（主食）加工企业中遴选县域示范企业，在河南省好粮油（主食）加工企业中遴选省级示范企业，建立了层层递进的分级遴选机制。各地各单位根据本地区、本企业实际和省分配的申报项目个数，结合考虑配套资金自筹能力，按照申报指南规定的条件和要求，组织基层企业自愿申报，县（市、区）粮食局、财政局审核把关，省辖市粮食局、财政局复核汇总，并以正式文件向省粮食局和省财政厅推荐申报了粮食产后服务中心、粮食质检机构和中国好粮油行动计划等相关项目。

公平确定项目。省粮食局对各省辖市粮食局和财政局联合推荐上报的项目予以综合汇总，对申报材料的真实性和完整性进行必要抽检与复核，在此基础上会同省财政厅组织召开专家评审会评定。评审专家从"河南省财政厅专家库"中随机抽取后，按评审办法的规定和要求，对各地申报材料进行了严肃认真的审查、评价和打分；全体评审专家在形成一致意见的基础上，最终签字确认拟支持项目名单，经省粮食局、省财政厅公示无异议后发文公布。

严格项目招标。省粮食局、省财政厅联合制定了项目招标规定，明确了项目招标范围、程序等方面的步骤和要求。粮食产后服务体系建设项目涉及基本建设的，按照基本建设投资管理相关规定执行，符合招投标或政府采购规定的，按相关规定执行，全面建立执行建设监理制，监理单位按照规定程序确定；粮食质检体系建设项目全部通过公开招标方式，进行了集中采购。

强化项目监管。省粮食局、省财政厅采取开会督查、文电督查、报表督查、调研督查、深入巡查、组织检查组监督检查等多项措施，加快推进项目建设进度，确保项目工程质量。项目单位、项目建设单位、项目监理单位共同制定项目实施方案，按照"项目法人责任制、建设监理制和合同管理制"的要求推进实施工作。

认真组织验收。按照实施方案，完成全部建设内容，能够满足服务功能要求的，实行"谁组织、谁验收、谁签字、谁负责"的原则，由县级粮食、财政部门对照项目合同和实施方案，按规定程序认真开展验收工作。对不合格项目不予通过，并限期整改；验收合格者，项目单位及时整理相关资料，按要求归档并上报工作总结。

　　加强绩效评价。省财政厅会同省粮食局建立全省"优质粮食工程"绩效评价体系，对如何开展绩效评价规定了具体要求。市县财政、粮食部门根据绩效评价指标体系中的评价内容和评分标准，按照"客观公正、问题导向、系统全面"的原则，对项目决策、项目管理、项目产出、项目效果进行全面自评，形成自评报告报送省财政厅、省粮食局。省财政厅、省粮食局建立"奖优罚劣"机制，对各地报送的自评结果进行程序性审核，适时对自评结果进行复核，根据自评结果，安排调整下一年度"优质粮食工程"项目申报名额和补助资金。

　　加大品牌宣传。通过全社会公开征集、遴选等形式，选定和发布了"河南好粮油""河南放心粮油"产品标识，允许相关企业在该产品的包装物上印制和使用。同时，对其执行"三年有效期"。有效期内实行动态管理，对年度抽检不合格者随时取消"好粮油"及"放心粮油"称号，停止使用相关产品标识。紧紧抓住粮食科技宣传周、世界粮食日、中国粮食交易大会、食品安全宣传周、展销会、推介会、产销对接会等机遇，充分利用河南日报、粮油市场报、人民网、映象网等主流媒体，加大河南好粮油宣传力度，广泛开展品牌推介活动，收效明显。

　　本书全面汇集了河南省实施"优质粮食工程"的政策法规与标准规范，详尽记录了这一工作推进的整体过程与现实做法，认真总结了全省"优质粮食工程"实施过程中的基本思路与成功经验，可作为各地实施"优质粮食工程"的培训教材和参考工具书。如果该书能对您的工作有所裨益，将是对我们的最大安慰。

编　者

2019 年 5 月

目　录

质检体系篇

好粮油行动篇

综

合

篇

加强"优质粮食工程"专项资金监管

为推进粮食行业供给侧结构性改革,加快粮食产业经济发展,财政部和国家粮食局决定,从 2017 年开始在粮食流通领域实施"优质粮食工程",通过财政引导性资金投入,放大示范效应,有效激活市场,更好发挥粮食流通对生产和消费的引导作用,促进种植结构调整,提升优质粮油品质,满足消费升级需求,助力农民增收、企业增效,在更高水平上保障国家粮食安全。经努力争取,我省成为实施"优质粮食工程"首批试点省份。

一、规范资金使用

"优质粮食工程"专项资金包括中央财政和省级财政安排的补助资金,专项用于粮食产后服务体系建设、粮食质量安全检验监测体系建设和"中国好粮油"行动计划。各级财政、粮食部门要加强项目资金监管和廉政风险防控,督促项目单位落实自筹资金,认真执行《河南省粮食产后服务体系建设实施方案》《河南省粮食质量安全检验监测体系建设实施方案》和《河南省"中国好粮油"行动计划实施方案》,明确目标,突出重点,放大效应,加强统筹,规范使用,坚决防范和杜绝出现违反财经纪律、预算法规和财会制度的行为。项目建设主体要设立专账管理,单独核算财务收支。任何单位和个人不得以任何理由、任何形式截留、挤占、挪用,确保专款专用。

二、严格项目管理

市县粮食、财政部门要切实承担起"优质粮食工程"实施主体责任,严格监管项目质量、进度和建设内容,避免出现"半拉子"工程或建设规模减少、建设标准降低等问题。要督促项目建设主体严格按照国家政府采购、招标投标等法律法规及当地政府有关规定,认真开展项目设计、基建施工、工程监理、设备采购等项目招投标或政府采购工作。同时,按照国家有关建设工程文件归档制度,做好项目档案管理。项目建设完成后,项目建设主体要严格按照相关标准规范，认真做好项目初验收和资产入账登记，并按照有关规定及时报请相关部门组织项目竣工验收。为全面掌握项目建设情况，实行项目建设进度月报制度，市县粮食、财政部门要于每月 5 日前将上月项目进展情况报省粮食局和省财政厅。

三、明确职责分工

"优质粮食工程"专项资金由省财政厅会同省粮食局管理，其职责分工如下：

（一）省财政厅负责"优质粮食工程"专项资金的预算管理，会同省粮食局制定资金监管办法、提出年度专项资金支持重点、方向和方式，审核省粮食局提出的具体工作方案及预算初步建议，下达预算及拨付资金，对资金的使用及绩效情况进行监督检查。

（二）省粮食局负责"优质粮食工程"专项资金的项目管理，会同省财政厅制定建设实施方案、项目申报指南、项目评审办法、项目管理办法、项目验收办法；组织项目申报和专家评审，审核确定专项资金支持项目，提出具体工作方案及预算初步建议；会同省财政厅对资金的使用及绩效情况进行监督检查。

（三）市县财政、粮食部门要各司其职，各负其责，财政部门负责专项资金拨付、监督管理和绩效评价，粮食部门负责项目申报、实施、验收等工作。

四、建立问责机制

（一）明确审批责任追究办法。"优质粮食工程"专项资金管理要遵循"谁审批、谁负责"的原则，合理明确专项资金申报、分配、使用各环节审批责任，做到责任清晰、管理规范。

在专项资金申报环节。项目申报主体对提出的申报材料真实性、完整性负责。市县财政和粮食部门按照文件规定和部门职责分工，对专项资金申报材料的完整性、程序合规性进行审核并负责。

在专项资金分配环节。省财政厅和省粮食局按照文件规定和部门职责分工，对专项资金申报材料进行程序性审核，根据专项资金管理相关规定公平、公正分配资金，并对资金分配结果的准确性负责。专项资金分配到市县后，需要市县细化落实分配到具体单位（或项目）的，市县财政和粮食部门按照职责分工对资金分配结果的准确性负责。因申报材料弄虚作假造成的资金分配结果不准确，由项目申报主体负责，并按照国家有关规定承担相应责任。

在专项资金使用环节。项目建设主体对资金使用的合规性、有效性负责。

（二）项目申报或建设主体骗取、套取、截留、挤占、挪用"优质粮食工程"专项资金的，按照《预算法》《财政违法行为处罚处分条例》等法律法规严肃处理，追究相关单位和个人的责任，并按照《河南省省级财政专项资金信用负面清单管理办法（试行）》（豫财监〔2014〕243号），将有关项目实施单位列入负面清单管理，取消其今后一定时期有关资金申报资格。

（三）各级财政、粮食部门及其工作人员，在专项资金申报、分配、使用等环节审批工作中，违反规定分配资金、向不符合条件的单位或项目分配资金、超出规定范围或标准分配资金，以及其他滥用职权、玩忽职守、徇私舞弊等违法违纪行为的，依照《预算法》《公务员法》《监察法》《财政违法行为处罚处分条例》等国家有关规定追究相应责任；涉嫌犯罪的，依法移送司法机关处理。

五、加强统筹协调

为加强组织领导，确保"优质粮食工程"建设顺利实施，省粮食局、省财政厅已联合成立河南省"优质粮食工程"领导小组，领导小组下设粮食产后服务体系建设、粮食质量安全检验监测体系建设和"中国好粮油"行动计划三个办公室，研究相关事项，统筹协调指导全省"优质粮食工程"实施工作。各市、县粮食和财政部门要高度重视、密切配合，在当地政府的统一领导下，成立领导小组，建立工作机制，协调推进"优质粮食工程"建设，并于4月20日前报省粮食局和省财政厅。

六、强化考核督查

为保障财政资金的使用效果、激发各级政府和相关管理部门积极性，省财政厅、省粮食局将加强工作考核，把"优质粮食工程"建设纳入粮食安全市长县长责任制考核重要内容，制定绩效评价工作方案，适时开展督导检查和绩效评价工作，包括资金使用效果、项目建设实施情况、项目社会及经济效益情况、存在的问题及政策建议等。对资金使用管理不规范、建设进度慢等问题，区别不同情况进行处理，并限期整改。同时，将督导检查和绩效评价结果作为今后项目安排的重要参考依据。对开展较好的市县，继续予以补助和支持；对开展不好的市县，将暂停、核减、收回财政补助资金；发生违规违纪行为的，按规定严肃追究相关单位和责任人员责任。

推进“优质粮食工程”实施

　　根据《国家粮食局　财政部关于印发“优质粮食工程”实施方案的通知》(国粮财〔2017〕180 号)和《河南人民政府办公厅关于印发河南省推进优质小麦发展工作方案 (2017~2018) 等五个专项工作方案的通知》(豫政办〔2017〕32 号) 精神，为指导做好全省“优质粮食工程”相关工作，更好发挥中央财政和省级财政资金的带动作用和使用效益，进一步推动“优质粮食工程”顺利实施，确保取得实效，结合全省推进优质小麦、优质花生发展工作方案和粮食行业实际，我们制定了“优质粮食工程”3 个子项实施方案。

一、明确目标

　　“优质粮食工程”是推进粮食行业供给侧结构性改革的重要突破口，是加快粮食产业经济发展的重要抓手。“优质粮食工程”的实施要以“为耕者谋利、为食者造福”、推进精准扶贫、保障国家粮食安全为目标。一方面，要有利于提高绿色优质粮油产品供给，将提升收获粮食的优质优价收购量和粮油加工产品的优质品率等作为重要考核指标；另一方面，要有利于提升粮食收购能力、提高种粮农民利益，将带动农民增收作为重要考核指标。

二、突出重点

　　各地在“优质粮食工程”实施过程中，要讲政治、顾大局，认真落实党中央、国务院关于扶贫攻坚决策部署，在安排具体项目时，适当向国家级扶贫开发工作重点县和集中连片特殊困难县倾斜。粮食产后服务体系建设要保证为种粮农民提供市场化、专业化的粮食产后服务，确保在“十三五”期末实现产粮大县全覆盖的目标。质检体系建设要坚持“机构成网络、监测全覆盖、监管无盲区”的原则，向辖区内粮食主产区域、新建粮食检验机构适当倾斜。“中国好粮油”行动要以“增品种、提品质、创品牌”为目标，坚持与推进“放心主食”“放心粮油”工程相结合，与促进粮油深加工和主食产业化发展相结合，与推动整个粮食流通产业经济发展相结合，充分发挥中央、省级以及地区性大型国有骨干粮食企业的引领、带动和示范作用，重点支持有基础、有实力、有品牌、有市场占有率，且能带动农民扩大优质粮食种植、增加绿色优质粮食市场供给的企业，尽快实现规模化、标准化、品牌化，加快推进产业升级，提升绿色优质粮油产品供给水平，促进全省粮食产业经济发展。

三、放大效应

各地要积极支持各类市场主体共同推进"优质粮食工程"实施，在制定方案、安排项目、分配资金、出台政策、遴选企业时，对包括中央粮食企业在内的各类粮食经营主体要一视同仁，充分调动各类粮食经营主体的积极性。对中央粮食企业申报的项目，要统筹考虑，合理安排。要本着"少花钱、办大事"的原则，充分发挥中央财政和省级财政投入的引领作用，放大财政资金的带动效应；市县财政要加大扶持，同时要引导企业加大投入，确保自筹资金及时足额到位，使有限的资金发挥出最大的效益。各地要积极建立健全"优质粮食工程"实施的长效工作机制和投入机制，鼓励各市县财政、粮食等部门探索创新投融资机制，拓宽筹资渠道，积极推广政府和社会资本合作（PPP）模式，推动"优质粮食工程"持续实施，深入推进，取得实效。

四、加强统筹

各市、县粮食和财政部门要高度重视、密切配合，在同级人民政府的统一领导下，成立领导小组，主要负责同志亲自抓、主动推，高标准、严要求，建立工作机制，争取地方各相关部门的大力支持，调动各方面积极性，确保相关工作顺利推进。要将"优质粮食工程"实施与加强粮食宏观调控、推动粮食行业深化改革转型发展、促进粮食产业经济发展等中心工作紧密结合起来，统筹推进、协调联动，抓重点、出亮点，及时总结经验，树立先进典型，充分发挥其典型引路和示范带动作用。

五、强化监管

各市、县粮食、财政部门和相关单位要切实强化廉政风险防控，加强对项目资金使用的监管、监督与指导，做到专款专用、不得挪用，切实保障资金安全。要真正承担起"优质粮食工程"实施的主体责任，实时跟踪了解和报送项目进展情况，协调解决项目实施过程中的困难和问题，争主动、真落实，提高项目的落地速度、实施进度和建设质量，确保好事办出好效果。

为保障财政资金的使用效果、激发各级政府和相关管理部门积极性，省粮食局、省财政厅将适时开展督导检查。对开展较好的市、县，继续予以补助和支持；对开展不好的市、县，将暂停、核减、收回中央和省级财政资金；发生违规违纪行为的，按规定严肃追究相关单位和责任人员责任。

河南省粮食产后服务体系建设实施方案

粮食收储制度改革后，政府主导的政策性收储将逐步淡出，收购主要靠各类市场主体，价格由市场决定，农民直接面对市场，对粮食产后服务提出了新的更多的需求。为指导全省粮食产后服务体系建设，根据《财政部 国家粮食局关于在流通领域实施"优质粮食工程"的通知》（财建〔2017〕290 号）和《国家粮食局 财政部关于印发"优质粮食工程"实施方案的通知》（国粮财〔2017〕180 号）要求，结合河南实际，特制定本实施方案。

一、主要目标

（一）总体目标

针对市场化收购条件下农民收粮、储粮、售粮、清理、烘干等环节中的需求，通过整合粮食流通领域现有资源，建立专业化、经营性的粮食产后服务中心，为种粮农民提供"代清理、代干燥、代储存、代加工、代销售"等"五代"服务。到"十三五"末，全省建成 1016 个粮食产后服务中心，实现 104 个产粮大县和 21 个其他县全覆盖。建成布局合理、能力充分、设施先进、功能完善、满足粮食产后处理需要的新型社会化粮食产后服务体系，形成专业化服务能力。

1. 粮食收储能力显著增强。通过粮食产后服务体系建设，增仓扩容，增强粮食收储能力，切实解决企业储粮难和农民卖粮难问题。

2. 市场议价能力明显增强。粮食产后服务中心通过向农民提供粮食保管等服务，为农民适时适市适价卖粮创造条件，增强议价能力。还能及时向农民传递市场信息，疏通交易渠道，帮助农民卖好价。

3. 粮食优质优价得以有效保障。粮食产后服务中心通过提供专业化的清理、干燥、分类等服务，大幅度提高粮食保质能力。按市场需求分等定级、分仓储存、分类加工，有效保障粮食质量，为实现优质优价、增加绿色优质粮食产品供给创造条件，通过市场带动农民增收。

4. 储粮损失大幅降低。通过粮食产后服务中心设施建设，使农民手中收获的粮食得到及时处理、妥善保管，大幅降低农户储粮损失率。

5. 专业化服务水平显著提高。通过整合粮食产后服务资源，形成完整的服务链，提升农业的专业化水平，促进农村第三产业发展，提高服务效率和劳动生产率，增加农民收入。

（二）年度目标

2017～2018 年度完成 41 个县的粮食产后服务中心建设，建成粮食产后服务中心 370 个；2018～2019 年度完成 42 个县的粮食产后服务中心建设，建成粮食产后服务中心 330 个；2019～2020 年度完成 42 个县的粮食产后服务中心建设，建成粮食产后服务中心 316 个。

二、主要内容

建设粮食产后服务中心主要以整合盘活现有仓储设施等资源为重点，在保证必要的服务功能前提下，结合实际需要，选择确定建设内容，改造、提升功能，发挥技术、人才等优势。鼓励收储企业和加工企业延伸产业链，发展订单粮食、主食加工、电子商务等业务，建立为粮农提供产前、产中和产后服务的粮食产后服务中心。鼓励推广使用先进的粮食处理新技术、新设备，提升粮食产后服务中心为民服务能力。坚持为种粮农民提供服务，建立健全"产权清晰、权责明确、管理科学、诚信高效"的运行机制，构建统一规范、统一标识、统一服务内容的区域性粮食产后服务网络，为农户提供全方位、全链条的服务，打造区域公共服务品牌。建设范围包括：

一是粮食仓储物流设施。对 1980 年以前建设的"老旧仓房"进行原址改造，建设与仓储配套的道路、地坪。配置接收、发放、输送、装卸、通风设备等，建设与烘干设施配套的罩棚、晒场、地坪等。

二是产后清理干燥设备。配置粮食（湿粮）清理、色选设备，建设符合环保要求的粮食烘干设备、移动式烘干机、就仓干燥系统、热泵通风干燥器，配置旋转式干燥机。

三是粮食检验检测设备。购置粮食质量常规检测仪器设备和粮食快速检测设备。

四是网上交易终端设施。购置与国家粮食电子交易平台连接的网上交易终端设备，维修改造、提升省粮食交易中心场所及设备。项目具体建设参考国家粮食局制定的《粮食产后服务中心建设技术指南（试行）》的要求。

五是放心粮油便民店（超市）。依托粮库维修改造放心粮油店（超市），有条件的还可以将服务范围扩展到提供市场信息、种子、化肥等和融资、担保服务，发展"粮食银行"，推广订单农业等业务。

粮食产后服务中心的布局根据粮食生产的集中度、粮食产量和服务功能的辐射半径，合理确定其建设规模、数量，并因需配置设施设备，每个粮食产后服务中心实现粮食收储、清理、烘干等年服务能力不低于3万吨。

依法依规用地建设粮食产后服务中心，原则上不得使用新增建设用地，鼓励充分利用现有粮库空余用地。对于农民合作社等从事规模化粮食生产过程中所必需的晾晒场、粮食烘干设施、粮食临时存放场所等用地，按《国土资源部 农业部关于进一步支持设施农业健康发展的通知》（国土资发〔2014〕127号）规定，按设施农用地管理。

三、建设数量、主体及条件

根据服务规模和功能，我省粮食产后服务中心分三种类型建设：

（一）建设数量

粮食产后服务中心建设根据粮食生产的集中度、粮食产量和服务功能的辐射半径确定，且按照满足粮食产后服务需求、近民利民便民的原则合理布局。三类中心建设主体应至少有一个农民合作社或粮油加工企业。

1. 超级产粮大县。项目总数不超过12个，其中一类中心不超过1个，二类中心不超过1个，其余为三类中心；或二类中心不超过4个，其余为三类中心。

2. 产粮大县。项目总数不超过10个，其中一类中心不超过1个，二类中心不超过1个，其余为三类中心；或二类中心不超过3个，其余为三类中心。

3. 其他县。项目总数不超过4个，其中一类中心不超过1个，二类中心不超过1个，其余为三类中心；或二类中心不超过2个，其余为三类中心。

4. 中央、省直和市直企业的数量按全省年度计划执行。

（二）建设主体及各类型申报条件

粮食产后服务中心以粮食仓储企业、粮油加工企业和农民合作社为建设主体，确保一个县有2家以上的建设主体。鼓励和支持粮食产后服务中心与农民合作社采取合作、托管、订单、相互参股或签订协议等多种方式，建立长期稳定的合作关系。

1. 粮食仓储企业。地方国有或国有控股粮食企业，具有独立法人资格，产权明晰，3 年内无搬迁计划。建设一类中心的，产粮大县要求项目库点占地不低于 40 亩，项目完成后总仓容不低于 5 万吨；其他县要求项目库点占地不低于 30 亩，项目完成后总仓容不低于 4 万吨。建设二类中心的，产粮大县要求项目库点占地不低于 30 亩，项目完成后总仓容不低于 3 万吨；其他县要求项目库点占地不低于 20 亩，项目完成后总仓容不低于 2 万吨。建设三类中心的，要求项目库点仓容不低于 5000 吨。

2. 粮油加工企业。具有独立法人资格，年加工能力应不低于 5 万吨，在当地具有一定数量的粮油订单面积，且订单履约率达到 30%，有实力的粮油加工龙头企业。

3. 农民合作社。具有独立法人资格，成员 100 户以上，现有仓容应不低于 5000 吨（可通过租赁、合作等方式获得），土地流转规模 1000 亩以上，粮食产量 500 吨以上。制度健全、管理规范、带动能力强，聘请专业的管理人员，具有一定的管理能力。独立建设粮食产后服务中心的农民合作社应具有建设用地，并具备筹资能力。

（三）建设内容

1. 一类中心。对老旧仓房原址改造（包括建设仓房周围道路地坪等基础设施，配置相应的环流熏蒸、智能通风及多功能粮情检测系统等）；改造营业面积不低于 100 平方米的放心粮油便民店（超市）；建设专用烘干设施；选择配置清理、输送设备；配备快速检化验或常规检化验设备；配备可与全国粮食交易中心平台连接的网上交易终端等。

2. 二类中心。对老旧仓房原址改造（包括建设仓周围道路地坪等基础设施，配置相应的环流熏蒸、智能通风及多功能粮情检测系统等）或建设相应规模的专用烘干设施；改造营业面积不低于 60 平方米的放心粮油便民店（超市）；配置清理、输送设备；配备快速检化验或常规检化验设备；配备可与全国粮食交易中心平台连接的网上交易终端等。

3. 三类中心。建设烘干设施；配置清理、输送设备；配备快速检化验或常规检化验设备；配备可与全国粮食交易中心平台连接的网上交易终端；粮食银行、放心粮油配送中心、放心粮油便民店建设等。

以上三种类型粮食产后服务中心可在规定范围内，根据实际需要选择相应的建设内容进行建设。

四、建设计划

从 2017 年开始，利用三年时间，每年选择全省约三分之一的县作为粮食产后服务体系建设县，按照整县推进原则，到"十三五"末，实现全省产粮县区全覆盖。经县（市、区）人民政府同意后，各县（市、区）粮食局、财政局根据本地区粮食产量和资金配套能力等情况，向省辖市粮食局、财政局提出建设年度计划。省辖市粮食局、财政局根据各县申报建设年度计划，配套资金承诺以及前期开展的"粮安工程"危仓老库维修改造、智能化粮库项目实施（资金配套、建设进度）等情况，按照全省粮食产后服务体系建设年度计划（见表1），确定各年度建设县和市直企业，报省粮食局、省财政厅，中央企业和省直企业直接报省粮食局、省财政厅。列入年度建设计划的项目要确保在12个月内建成。

表1　河南省粮食产后服务体系建设年度计划表

序号	省辖市	2017～2018 年度		2018～2019 年度		2019～2020 年度	
		县（个）	市直企业（个）	县（个）	市直企业（个）	县（个）	市直企业（个）
1	郑州	2	1	2	1	3	0
2	开封	2	1	1	1	1	0
3	洛阳	2	1	3	1	4	0
4	平顶山	2	1	2	1	1	0
5	安阳	1	1	2	1	2	0
6	鹤壁	1	1	2	1	2	0
7	新乡	2	1	3	1	2	0
8	焦作	2	1	2	1	2	0
9	濮阳	2	1	2	1	3	0
10	许昌	1	1	2	1	2	0
11	漯河	1	1	1	1	1	0
12	三门峡	1	1	2	1	1	0
13	南阳	3	1	5	1	4	0
14	商丘	2	1	3	1	3	0
15	信阳	2	1	4	1	3	0
16	周口	2	1	3	1	4	0
17	驻马店	2	1	3	1	4	0
18	济源	1	0	0	0	0	0
19	省直管县（市）	10	0	0	0	0	0
	合计	41	17	42	17	42	0
中央和省直企业由省财政拨款补助，按需申报							

五、2017～2018 年度建设计划

（一）发布项目申报指南

省粮食局会同省财政厅制定项目申报指南，发布支持范围、方式、条件、数量等。

（二）项目申报

被确定为 2017～2018 年度实施粮食产后服务中心建设县（市、区）的建设主体，按照申报条件，自愿向同级粮食、财政部门提出申请，编写申报材料。中央企业和省直企业直接向省粮食局、省财政厅提出申请。

（三）逐级审核

1. 县级初审。各县（市、区）粮食局、财政局对建设主体上报的建设内容和资金筹措情况进行审核，逐户逐项实地核查；对本地区粮食产后清理、干燥、收储、销售等能力和专业化水平进行评估。县级人民政府结合本地区实际和企业申报情况，按照申报数量要求确定推荐建设主体，编制全县建设方案。各县（市、区）粮食局、财政局联合行文将本县实施方案和申报材料报上级粮食、财政部门复核；省直管县（市）粮食局、财政局则直接报送至省粮食局、省财政厅。

2. 市级复核。省辖市粮食、财政部门审定核实材料后汇总，联合行文并将各县建设方案和申报主体申请材料报省粮食局、省财政厅。

3. 省级评审。省粮食局和省财政厅组织专家对各地上报的建设项目及实施方案进行评审，公示无异议后，确定拟支持建设单位。

（四）补助方式与资金管理

1. 补助方式。中央及省财政对一类中心、二类中心、三类中心分别进行定额补助，其余资金由市、县财政或企业筹集。

2. 资金拨付。省财政厅根据全省粮食产后服务中心项目评审公示后确定的支持名单和有关规定，测算中央及省财政专项补助资金，并拨付到各市县财政局及中央、省直粮食企业。

3. 资金管理。粮食产后服务中心建设补助资金实行国库集中支付，各地、各单位须将补助资金连同当地配套资金一起实行专账管理，确保专款专用、不得挪用。

（五）项目实施

粮食产后服务中心项目单位与项目监理、项目中标单位签订监理、建设合同后，共同制定项目实施方案，报各县（市、区）粮食局、财政局组织

专业技术人员审查后，按照"项目法人责任制、建设监理制和合同管理制"要求，认真组织实施。项目监理、建设合同签订后，项目单位与项目监理、项目中标单位应协同配合，按合同约定的项目完工期限保质保量地完工。

（六）项目验收

粮食产后服务中心项目全部完工后，县级人民政府成立由粮食、财政等部门组成的验收工作组，按照《粮食产后服务体系建设项目验收办法》，开展验收工作，出具验收报告。中央企业和省直粮食企业项目验收工作由省粮食局和省财政厅负责。粮食产后服务体系建设项目验收标准按照相关标准执行。

六、保障措施

（一）加强领导，健全组织

省粮食局、省财政厅将联合成立全省粮食产后服务体系建设领导小组，研究重大事项，指导全省粮食产后服务体系建设工作。各级政府统筹粮食产后服务体系建设，加强领导，建立完善对粮食产后服务体系资金、项目的管理、考核制度。

（二）顶层设计，科学规划

省粮食局、省财政厅将加强粮食产后服务体系建设顶层设计，结合全省粮食行业实际，科学制定全省粮食产后服务中心建设年度计划，规范编制全省粮食产后服务中心项目管理、申报、评审、招标、验收、绩效评价等规章制度或管理办法，合理分配中央和省级财政补助资金，统筹推进全省粮食产后服务体系建设。各省辖市粮食、财政部门在地方人民政府的统一领导下，摸清各地建设需求，理清建设思路，按照突出重点、合理倾斜、整县推进、分步实施的原则，分年度确定建设计划，建设计划要结合扶贫开发工作，向贫困县倾斜。各县（市、区）粮食、财政部门在当地人民政府的统一领导下，坚持需求导向、为农服务，面向基层、近民利民，对总体建设规模、功能设计、点位分布等进行统一规划、合理规划，根据粮食生产的集中度、粮食产量和服务辐射半径合理确定项目点和数量。

（三）明确分工，加强考核

各级粮食、财政部门加强对粮食产后服务体系建设的监督检查，并协调配合，各司其职，各负其责，齐心协力，确保粮食产后服务中心建设项目顺利进行。省粮食局、省财政厅负责政策制定、督促抽查政策落实及项目实施情况，协调解决工作实施中的重大共性或政策性问题；各省辖市、省直管县

（市）粮食局、财政局负责建设规划、项目申报、材料核查、质量监管等；各省辖市、省直管县（市）财政局负责专项资金拨付、资金监管；县级人民政府作为组织实施的责任主体，组织财政、粮食行政管理部门开展需求摸底调查、编制项目建设方案，承担建设管理、项目验收、设施信息档案管理、总结上报等工作；各县（市、区）级粮食局在同级人民政府的领导下负责组织企业申报，对申报材料进行审核、督促建设进度，会同财政等有关部门对项目进行验收和绩效评价。各建设主体要认真编制申报材料，对材料真实性负责。

省粮食局、省财政厅将加强工作考核，把粮食产后服务体系建设纳入粮食安全市（县）长责任制考核内容，制定绩效评价工作方案并及时开展评价。省粮食局将依托科研机构、院校、质检机构、设备制造企业等，建立省级技术咨询专家团队，加强对项目建设的技术指导。为每个项目建设县选派1~2名符合要求的技术人员，为粮食产后服务中心与农户专项开展粮食产后干燥、储藏、加工减损、农户储粮等技术服务和推广，提高新型农业经营主体和农户粮食收储技术水平。

（四）落实责任，严肃纪律

各市、县人民政府和粮食、财政部门、中央和省直企业，要严格审核把关项目申报材料，明确工作目标任务、时间节点和工作措施，狠抓工作落实，积极配合审计部门对粮食产后服务体系工作进行全过程审计。要建立项目公示、公告制度，及时将项目名称、实施内容、进度计划、资金安排及中标单位、监理单位和具体责任人、举报电话等情况在一定范围内张榜公布或公示，主动接受职工群众和社会监督。要规范项目建设程序，完善责任落实机制，细化落实责任，严肃工作纪律，实行专项督导，严格监管项目质量、进度和建设内容，建立绩效追踪问责、全程监管制度，做到干成事、不出事，发现问题，及时纠正。要把建设粮食产后服务体系，作为加快推进粮食供给侧结构性改革的重要内容，精心谋划、抓好落实，采取切实有效措施解决建设中的问题，认真探索、积累经验、有序推进，为提升全省粮食安全的保障水平和能力、促进农民增收发挥积极作用。

河南省粮食质量安全检验监测体系
建设实施方案

为适应粮食收储制度改革，规范粮食流通秩序，优化粮食供给结构，发展绿色优质粮食产品，减少粮食产后损失，增加农民收入，着力解决粮食质量安全预警监测与检验把关能力不足、基层粮食质检机构严重缺失的问题，提升粮食质量安全监管水平，保障粮食质量安全，根据《国家粮食局 财政部关于印发"优质粮食工程"实施方案的通知》（国粮财〔2017〕180号），结合我省实际，制定本方案。

一、指导思想

坚持把保障粮食安全作为粮食质检体系建设工作的指导思想，统筹兼顾，整合资源，在现有粮食质量检验体系建设的基础上，优化资源配置，因地制宜，补充配套。建立和完善省、市、县级粮食质检机构构成的粮食质量安全检验监测体系，保障中央和省级财政资金使用效果，推进全省粮食质量安全检验监测能力建设。

二、建设目标

按照"机构成网络、监测全覆盖、监管无盲区"的工作方针，在"十三五"期间，我省建立与完善由省级、市级和县级粮食质检机构构成的粮食质量安全检验监测体系。同时配合国家粮食局建立全国粮食质量安全管理电子信息平台，实现国家、省、市、县四级工作联动，形成以"省级粮食质量监测中心为核心、市级粮食质量监测中心为骨干、区域重点粮食质量监测中心为支撑"的粮食质量监测体系。具体是：在巩固现有20家国家挂牌粮油质量检验监测机构的基础上，重点建设一批县级粮油质检机构，提升一批市级粮油质检机构检验能力，强化省级粮油质检机构能力建设。

三、建设主体及基本功能

（一）建设主体

省、市、县三级粮食质检机构。其中：市级粮食质检机构建设主体为18个省辖市粮食质检机构；县级粮食质检机构重点分布在粮食年产量5万吨以上或人口在50万以上的县（市、区）。县级粮油质检机构建设向粮食生产区域、产粮大县、要求迫切、配套资金落实有保证、充分发挥业务效能且便于管理、具有项目建设积极性的地方倾斜。

（二）基本功能

1. 功能定位

省级粮食质量监测中心。主要承担粮食质量安全监测预警体系建设和快速反应机制研究，开展粮食质量调查、品质测报和粮食质量安全监测，提供相关的检验把关服务，为发展"三农"和农户科学储粮提供技术服务，协调、指导域内市、县级粮食质检机构的业务工作，收集粮食质量安全及生产灾害等动态信息，提出有关工作建议和意见。依据国家和行业粮油标准以及国家有关规定，具备检验各种粮食质量指标、品质指标和食品安全指标的能力。

市级粮食质量监测站。主要承担粮食质量调查、品质测报和粮食质量安全监测，开展相关的检验把关服务，协助与支持省级粮食质量监测中心开展相关业务工作，以省级粮食质量监测中心为示范，不断拓展工作业务范围。依据国家和行业粮油标准以及国家有关规定，具备检验主要粮食质量指标、品质指标、食品安全指标和域内必检指标的能力。

县级粮食质量监测站。主要承担粮食质量调查、品质测报和粮食质量安全监测，开展相关的检验服务，协助与支持省级粮食质量监测中心开展相关业务工作，承担下乡、进企业扦样和原始样品转送。具备检验主要粮食质量指标、主要品质指标和主要食品安全指标快检筛查的能力，同时具备原始样品转送能力。

2. 检验任务

检验任务主要包括：收获环节的粮食质量调查和品质测报，被检样品直接向农户购买；收购入库环节的质量把关检验，对粮食企业自检结果实行抽查核对检验，对食品安全指标实行批量检验，对储备粮以及其他政策性粮食实行平仓检验；储存环节的例行抽查检验；销售出库环节，对粮食企业自检的结果实行抽查核对检验，对超期储存粮实行鉴定检验，对食品安全指标实行把关检验；进入粮食交易平台的，须经准入检验；成品粮销售环节，对军供粮、救灾粮、"放心粮油"等实行抽查检验；对全链条的"中国好粮油"和其他流通渠道销售的成品粮油，实行跟踪抽检或随机抽检。

3. 开展第三方检验

依托粮食行业专业优势，按照积极服务于社会和公正检验原则，开展第三方检验监测服务。第三方粮食质检机构的资质将由省粮食局认定，并报国家粮食局备案。第三方检验的内容主要包括：平仓检验、鉴定检验、准入检验和仲裁检验等，以及法律、政策和粮食、财政等相关行政部门认定的第三方检验内容。逐步开展第三方品质鉴定。

4. 做好质量安全风险监测

按照保障粮食质量安全、促进绿色、优质粮食发展的要求，各级粮食质检机构要承担并做好收购和储存环节的粮食质量安全风险监测工作。监测内容主要包括：质量等级、内在品质、水分含量、生芽、生霉等情况，粮食生产和储存过程中施用的药剂残留、真菌毒素、重金属及其他有害物质污染等情况。各级粮食质检机构每月向本级粮食行政管理部门报送1次监测结果，发现问题及时报告，粮食行政管理部门要制订预案，对发现的问题要及时排查，采取相应的防控措施，及时消除安全隐患。

同时，各级粮食质检机构每月将监测结果汇总逐级报至省级粮食质量监测中心，省级粮食质量监测中心在省粮食局的领导下，每季度对全省粮食质量安全形势做一次全面分析评估，并解决存在的问题。各级粮食质检机构向上级报送监测结果的同时，报告同级财政部门，检查出的问题、风险隐患等及时向同级人民政府食品安全办报告。

5. 提高粮食质检工作水平

在各级粮食行政管理部门的领导和统筹协调下，强化粮食质检机构的系统性，确保粮食质量安全检验监测工作任务饱满，粮食质检机构良性健康运转。粮食检验实行粮食检验机构与检验人责任制，检验人应依法依规对粮食进行检验，保证出具的检验数据和结论客观公正，对检验数据和结论负责，检验机构对出具的检验报告负责。检验机构应当按有关规定要求，及时向社会、本级政府相关部门、上级政府相关部门发布、转送、上报粮食质量安全信息，确保信息可靠、管用。在粮食流通行业全面推行"索证索票制度"。

四、建设内容

（一）分年度实施安排

我省粮油质检体系计划建设项目 139 个，分 3 年实施。3 年计划分别如下：2017 年建设项目 42 个，其中：新建项目 40 个，提升项目 2 个；2018 年建设项目 49 个，其中：新建项目 39 个，提升项目 10 个；2019 年建设项目 48 个，其中：新建项目 40 个，提升项目 8 个。有关高校、中央企业以及第三方粮食质检机构根据申报情况由省级统筹安排。

（二）项目投资

坚持中央、省级财政适当补助，中央与地方共建共享的原则，共同推进粮食质检体系建设。中央及省财政补助资金全部用于粮食仪器设备配备，由省粮食局统一招标采购。

（三）建设任务

基于粮食检验监测机构的功能定位和应当达到的检验监测能力要求，重点加强粮食检验仪器设备配置和配套基础设施改善方面的建设。

1. 配置粮食检验仪器设备

在充分利用现有资源的基础上，根据检验监测机构的功能定位和规划目标，确定应配备的检验仪器设备。仪器设备配置坚持技术先进、安全可靠、节能减排原则，能够满足新形势下粮食质量安全监管监测的需要。

2. 配套基础设施

根据工作需求和配置检验仪器设备的具体情况进行配套基础设施建设和改造。

（四）实施计划

2017 年、2018 年、2019 年分年实施计划如下：

1. 成立组织机构。省粮食局、省财政厅成立组织领导机构，负责统一组织协调全省粮食质检机构建设。

2. 发布申报指南。省粮食局、省财政厅联合制定发布粮食质检体系项目申报指南，统一规范各地项目编制格式、基本要求和主要内容。

3. 开展申报工作。符合条件的建设主体，应逐级向当地粮食、财政部门提出申请，编写申报材料。省级建设主体和河南工业大学直接向省粮食局、省财政厅提出申请。各省辖市、直管县（市）粮食、财政部门审定核实申报材料后，正式行文报送省粮食局、财政厅。

4. 组织专家评审。省粮食局、财政厅组织专家对各地上报的材料进行评审，公示无异议后，确定建设项目。

5. 实施建设项目。各省辖市、直管县（市）负责辖区内项目建设进度、质量、资金使用、地方财政或企业配套资金落实等工作。省粮食局、财政厅根据工作进展情况，不定期对项目实施情况进行现场监督检查。

五、保障措施

（一）高度重视，加强组织领导。开展粮食质检体系建设是民生工程、民心工程，关乎粮食绿色优质发展、增加农民收入，关乎人民群众身体健康和生命安全，关乎保障粮食供给、规范流通秩序、提升中国粮食竞争力，关乎全面小康社会建设。各级财政、粮食部门要统一认识、高度重视，切实把开展粮食提质增效建设作为十分重要、十分迫切的任务抓实、抓好。省粮食局、财政厅联合成立建设工作联席会议制度，联席会议负责全省粮食质检体系建设等方面的工作，按照职责分工，细化目标，分解任务，组织做好项目评审、监管和竣工验收，督促各地、各相关部门落实责任、抓好各项工作。各级粮食行政管理部门要加强对项目建设的履职监督，将粮食质检体系建设工作纳入粮食安全省长责任制考核范围，层层压实责任，确保工作落实、取得实效。

（二）加强项目建设监管，保证按时顺利完成。加强项目监管，按照国家要求和项目建设程序，认真执行国家和省有关招投标、工程监理等各项规定。在施工建设中，加强质量、进度、安全及资金使用等方面的控制和管理。项目完工后加强验收工作，及时完善竣工验收手续，实施项目后评估。

（三）严肃工作纪律。各地要认真贯彻落实中央关于改进工作作风、密切联系群众的规定要求，厉行勤俭节约。坚持公平公正、客观真实的工作原则，对弄虚作假、谎报瞒报等行为按照有关规定予以惩处。

河南省"中国好粮油"行动计划实施方案

根据《国家粮食局　财政部关于印发"优质粮食工程"实施方案的通知》（国粮财〔2017〕180号）要求，结合我省粮食流通产业发展实际，特制定本方案。

一、目的意义

实施"中国好粮油"行动计划，是深入推进粮食行业供给侧结构性改革的一项重要举措，主要目的是聚焦增加绿色优质粮油产品供给，发挥流通对生产的引导作用，突出我省优质小麦、优质花生和优质芝麻优势，通过标准引领、质量测评、品牌培育、宣传推广和试点示范，促进全省粮油产业发展，提高绿色优质粮油（包括"中国好粮油""河南好粮油（主食）""放心粮油（主食）"等）产品的供给水平，满足城乡居民消费升级需要，实现粮油供给从"吃得饱"到"吃得好"的转变。

二、主要目标

实施"好粮油"行动计划，要坚持与推进"放心主食""放心粮油"工程相结合，与促进粮油深加工和主食产业化发展相结合，与推动整个粮食流通产业经济特别是粮食产业集群发展相结合。

（一）总体目标

通过财政补助、以奖代补、宣传推广等形式，突出我省优质小麦专用粉、米制品、馒头系列、面条系列、速冻产品和方便食品系列等主食产业化产品，以及花生油、芝麻油等食用植物油产品特色，扶持一批大型、龙头、优质粮油加工企业，开发生产一批"中国好粮油"产品，培育一批绿色优质粮油品牌，形成粮油产品健康消费良好氛围，促进粮食优质品率显著提升，力争到2020年全省产粮大县粮食优质品率提高30%以上。

（二）年度目标

1. 2017～2018 年度目标

制定《河南省绿色优质粮油产品生产指南》；形成优质粮油品质测评 2017～2018 年度报告；做好优质粮油产业发展统计调查；遴选"放心粮油（主食）"产品 100 个、"河南好粮油（主食）"产品 40 个，推荐河南粮油产品入选"中国好粮油"产品 20 个；建设规模 0.5 万吨的低温成品粮"公共库" 3 个；河南特色优质粮油产品在全省颇具影响，消费理念逐步向健康营养转变；全省产粮大县粮食优质品率提高 10% 以上。

2. 2018～2019 年度目标

完善《河南省绿色优质粮油产品生产指南》；形成优质粮油品质测评 2018～2019 年度报告；做好优质粮油产业发展统计调查；遴选"放心粮油（主食）"产品 60 个、"河南好粮油（主食）"产品 20 个，推荐河南粮油产品入选"中国好粮油"产品 10 个；建设规模 0.5 万吨的低温成品粮"公共库" 3 个；河南特色优质粮油产品在全国形成影响，消费理念逐步向绿色优质转变；全省产粮大县粮食优质品率提高 10% 以上。

3. 2019～2020 年度目标

完善《河南省绿色优质粮油产品生产指南》；形成优质粮油品质测评 2019～2020 年度报告；做好优质粮油产业发展统计调查；遴选"放心粮油（主食）"产品 40 个、"河南好粮油（主食）"产品 20 个，推荐河南粮油产品入选"中国好粮油"产品 10 个；建设规模 0.5 万吨的低温成品粮"公共库" 3 个；河南特色优质粮油产品在全国家喻户晓，绿色优质的消费理念全面形成；全省产粮大县粮食优质品率提高 10% 以上。

三、主要任务

聚焦"保障安全、提升品质、改善营养"，通过制定标准、品质测报、品牌培育、健康宣传、示范带动，促进粮油产品提质升级，扩大优质粮油品牌影响力，引导粮油健康消费。

（一）遴选及推广"好粮油"产品

1. 制定河南"好粮油"系列产品标准。参照"中国好粮油"系列标准，研究提出河南"放心粮油（主食）"和"河南好粮油（主食）"系列标准，主要包括：河南优质（强、中、弱筋）小麦及其加工产品、优质大米、食用玉米及其加工产品，优质杂粮及其加工产品，优质速冻产品和优质花生油、芝麻油等。

2. 建立河南"好粮油"信息专栏。在省粮食局网站上，开辟河南"好粮油"信息专栏，统一发布被认定的"河南好粮油（主食）"和"放心粮油（主食）"品牌及产品信息，宣传推广河南优质粮油产品，引领优质粮油产品发展和品牌建设。

3. 开展优质粮油测报和测评。制定全省优质粮油产品必检项目目录，定期对全省生产销售的粮油产品开展测评。根据测评结果，形成优质粮油品质测评报告，在河南优质粮油信息专栏上进行发布，并上报国家粮食局。

4. 遴选及推荐"好粮油"产品。对照河南"放心粮油（主食）"和"河南好粮油（主食）"系列标准，按照企业自愿参与的原则，从申报粮油品牌及产品中，遴选河南"放心粮油（主食）"品牌及产品。在河南"放心粮油（主食）"产品及品牌中，遴选"河南好粮油（主食）"品牌及产品。对遴选出的河南优质粮油产品信息，在河南"好粮油"信息专栏上发布。省粮食局在"河南好粮油（主食）"上榜产品中，对符合"中国好粮油"标准的产品及品牌，向国家粮食局推荐为"中国好粮油"产品及品牌。

5. 实施"好粮油"产品动态调整管理。省粮食局对河南"放心粮油（主食）""河南好粮油（主食）"和"中国好粮油"上榜产品信息实行动态调整管理，定期对市场上流通的产品进行抽检，对抽检不符合"好粮油"标准、标识宣传不规范、不履行"好粮油"管理要求、出现明显质量和信誉问题的品牌及产品，将向企业提出警示进行整改，对整改不到位的取消相应的称号。

（二）开展"好粮油"品牌及膳食营养宣传

1. 组织主流媒体开展相关宣传活动。充分利用广播、电视、报纸和其他新媒体等，组织、策划全省好粮油系列宣传活动，宣传推广全省粮油知名品牌；适时组织开展"河南好粮油中国行"活动，引导舆论宣传，提高河南粮油品牌竞争力。

2. 宣传推广"好粮油"品牌及产品。突出河南优质粮油产品特色，通过信息发布、编制品牌及产品宣传资料，在科技活动周、食品安全宣传周等重要活动中设置优质粮油展位，协调媒体宣传优质粮油品牌及产品，组织河南优质粮油精品展及购销洽谈会等形式，宣传推广我省优质粮油品牌和产品，扩大品牌及产品知名度，提升企业市场竞争力。

3. 组织膳食营养专题宣传。在科技活动周、世界粮食日、食品安全周等重要时点，组织多种形式的宣传活动，协调媒体宣传报道，制作播放宣传片，发放主题宣传册、宣传品，开展主题讲座，营造良好的舆论氛围，引导健康的消费观念。

（三）建立健全好粮油销售体系

1. 建立优质粮油平台交易体系。建立河南省优质粮油线上交易终端，与国家级"中国好粮油"线上平台对接。鼓励引导符合好粮油标准的大宗原粮及成品粮油通过河南省优质粮油线上交易终端，在国家"中国好粮油"线上平台进行交易，促进产销对接和优质优价。支持对现有粮食仓储设施进行升级改造，打造一批符合优质粮食储存、运输和交易要求的"公共仓"，为有意愿参加优质粮食仓单交易的生产经营主体提供专业化仓储服务。在大中城市建立一批具有公益属性、满足优质粮油产品保鲜储存要求、便于优质粮油产品配送的低温成品粮"公共库"，为产品销售提供有偿的公共服务。

2. 健全好粮油产品线上销售体系。鼓励遴选出的"中国好粮油"产品进入全国统一的线上交易平台进行展示、推广和销售。支持优质粮油企业与阿里巴巴、京东等电商企业合作，将遴选出的"好粮油"系列产品在淘宝、天猫、京东等线上交易平台进行销售。支持大型优质粮油企业自建电商平台，创新销售模式，开辟线上交易模式。

3. 完善好粮油产品线下销售体系。鼓励企业采取多种方式拓展优质粮油产品线下销售渠道，包括在超市、便利店设立优质粮油产品专柜、在社区设立优质粮油销售店等。支持有条件的企业建立连锁超市、在社区设置自助销售设备，销售好粮油产品。

（四）大力推进优质粮油产业化

1. 做大做强优质粮油加工企业。充分发挥我省优质小麦、优质花生和优质芝麻等优质粮油资源优势，做大做强优质粮油加工企业。支持现有主食和粮油深加工龙头企业，通过实施技术改造、扩大产能规模、研发优质粮油产品、提高产品档次、创立知名品牌等进一步做大做强，尽快打造成为规模大、实力强、技术装备先进、有核心竞争力、行业带动力强的大型优质粮油企业集团。

2. 延长优质粮油产业链条。支持大型优质粮油龙头加工企业拉长产业链条，向产前和产后延伸。鼓励企业深入田间地头收购优质原粮，实施优质原粮订单收购，建立优质原粮生产基地等，保障优质原粮有效供应。鼓励企业完善优质粮油产品线上线下销售体系，扩大优质粮油产品销售网络，实现从田间到餐桌全产业链的发展模式。

3. 创新优质粮油产业发展模式。鼓励和支持优质粮油企业技术创新，推动企业与高等院校、科研院所合作，开展优质粮油加工关键技术的科研攻关，提高产业发展水平。鼓励优质粮油企业实施品牌带动战略，引导企业由做产品向做品牌转变，通过自主创新、品牌经营、商标注册、专利申请等途径，培育一批拥有自主知识产权、核心技术和较强市场竞争力具有河南粮油特色的知名优质粮油品牌。鼓励和支持企业通过努力提高产品质量，争创"放心粮油（主食）""河南好粮油（主食）"和"中国好粮油"品牌，扩大河南优质粮油品牌市场占有率，提升企业核心竞争力。

4. 大力开发优质粮油产品。在国家指南的基础上，结合我省粮食优势和传统名牌、老字号等优质粮油产品的发展实际，研究制定《河南省绿色优质粮油产品生产指南》，为我省全面提升粮油产品质量和档次提供科学指导。引导企业加大绿色优质粮油产品，特别是优质小麦专用粉、挂面及速冻产品等主食产业化产品、花生油及芝麻油等食用植物油的研发力度，支持高等院校、科研机构与企业开展科技合作，大力推进产学研联合，让科研成果尽快变为市场认可的优质粮油产品，不断丰富优质粮油产品品种。

5. 开展优质粮油产业发展统计。根据国家粮食局要求和我省粮食行业实际，结合调查内容和对象的不同特点，采取逐级调查、汇总上报、企业网络直报，以及全面调查、重点调查和抽样调查相结合的方法，组织好优质粮油相关调查统计工作。

（五）实施"中国好粮油"示范工程

择优选定具有优质粮油特别是优质小麦和优质花生生产潜力、较强加工实力的县（市），作为"中国好粮油"行动计划示范县（市）。示范县（市）人民政府结合本地实际，通过竞争性遴选的方式确定 1~2 家示范企业，与示范企业签订建设合同，支持示范企业开展优质粮油专收专储专用、研发优质粮油产品、培育优质粮油品牌、实施技术改造、扩大生产规模、建设优质粮油便民店（超市）等，发挥示范企业典型带动作用，辐射带动周边区域优质粮油产业发展，确保实现本地区农民优质粮油种植收益提高20% 以上、粮油优质品率提升 30% 以上等建设目标。

四、2017~2018 年度实施计划

根据财政部、国家粮食局相关规定和要求，我省 2017~2018 年度"中国好粮油"行动分为省本级、示范县两个层面。

（一）省本级好粮油行动计划

省本级专项资金主要用于全省好粮油系列标准的制定、优质粮油测评测报、"好粮油"品牌及产品遴选、优质粮油产品抽检、好粮油产品推广及膳食营养宣传和支持优质粮油加工企业等。

1. 制定好粮油系列标准

组织粮油加工、粮油食品加工、食品安全、检验检测等方面的专家，在深入研讨、充分论证的基础上，突出河南特色，制定河南"放心粮油（主食）"和"河南好粮油（主食）"系列标准。标准种类主要包括河南优质（强、中、弱筋）小麦及其加工产品、优质大米及其加工产品、优质杂粮、花生、芝麻及其加工产品。

2. 建立"河南好粮油与放心粮油"查询专栏

在河南省粮食局公共资源网站上，开辟"河南好粮油（主食）与放心粮油（主食）"查询专栏，统一发布获得"好粮油"系列品牌及产品信息，并进行必要的宣传推广。

3. 开展优质粮油测报和测评

由省粮食局牵头，会同河南工业大学等高等院校、科研院所，组织粮油加工、粮油食品加工、食品安全、检验检测等方面的专家，制定河南优质粮油产品必检项目目录，定期或不定期对全省生产销售的主要品牌的各种档次米面油杂粮及主食产品和已经认定的"好粮油"系列产品开展测评。具体测评工作委托有资质的第三方粮油产品检验检测机构实施，测评样品主要从市场上采购，测评内容除河南优质粮油产品必检项目目录外，可适当扩大到营养特性、特殊功能等。根据测评结果，编制河南省 2017～2018 年度测评报告，在河南"好粮油"信息专栏进行发布。

4. 遴选及推荐"好粮油"产品

省粮食局统一制定发布"好粮油"产品遴选范围、方式、程序、条件等。符合条件的粮油企业按照自愿参与、一品一报、一年一报的原则，将拟申报产品送有资质的第三方检验检测机构进行检测，取得检验报告后，向当地粮食行政管理部门提出遴选申请。中央和省直企业按照属地原则，向企业所在地的粮食行政主管部门提出申请。企业材料经地方粮食部门初选、省辖市粮食部门审核后，推荐至省粮食局。省粮食局组织专家，对企业申报材料进行认真复核、评审、打分，并对生产基地和加工场所进行现场考察。根据专家评审意见及现场考察结果，依次授予河南"放心粮油（主食）"和"河南好粮油（主食）"称号；对符合"中国好粮油"标准的品牌及产品，向国家粮食局推荐为"中国好粮油"。获得"中国好粮油"产品称号的生产企业，可向国家粮食局申请使用"中国好粮油"产品标识。省粮食局也将对获得河南"放心粮油（主食）"和"河南好粮油（主食）"称号的产品，授权相应的标识。

省粮食局对"好粮油"系列上榜产品信息实行动态管理，定期（每年至少组织两次）对市场上流通的产品进行抽检。对抽检不符合优质粮油标准、标识宣传不规范、不履行优质粮油管理要求、出现明显质量和信誉问题的品牌及产品，将向企业提出警示进行整改，对整改不到位的取消相应称号。

5. 编制优质粮油产品生产指南

省粮食局联合财政、粮食、食药监等部门，依托高等院校、科研院所、检验机构和重点粮油加工企业，组织高校教授、行业技术专家、企业专业人才等，在《国家绿色优质粮油产品生产指南》的基础上，突出河南特色，结合传统名牌、老字号等名优粮油产品的发展实际，制定《河南省绿色优质粮油产品生产指南》。

6. 开展优质粮油产业发展统计

各级粮食部门应根据调查内容和对象的不同特点，采取逐级调查、汇总上报、企业网络直报，以及全面调查、重点调查和抽样调查相结合的方法，组织好优质粮油相关调查统计工作。各级粮食部门要积极督促企业上报产业发展数据，对企业上报的数据进行审核，对部分关键数据，要深入企业，进行现场核实，确保统计调查数据真实、准确、完整。

7. 组织"好粮油"品牌和膳食营养宣传

结合国家粮食局制定的"好粮油"行动计划总体宣传方案，要突出河南特色，制定符合我省实际的宣传方案，指导全省各地开展"好粮油"品牌及膳食营养宣传活动。宣传工作主要由"好粮油"品牌及产品宣传和膳食营养宣传两部分组成。通过发布优质粮油品牌及产品信息、编制"好粮油"品牌及产品宣传资料，在科技活动周、食品安全宣传周等重要活动设置"好粮油"展位，组织河南优质粮油精品展、购销洽谈会、"河南好粮油中国行"等活动，进行"好粮油"品牌及产品的宣传和推广。通过制作播放宣传片，发放宣传册、宣传品，在科技活动周、世界粮食日、食品安全周等重要时点组织主题宣传活动，进行膳食营养宣传。

8. 支持优质粮油企业发展

省本级专项资金将重点支持一批获得"中国好粮油""河南好粮油（主食）""放心粮油（主食）"产品称号的优质粮油企业发展，特别是优质小麦专用粉、挂面及速冻产品等主食产业化、花生油及芝麻油等植物油生产加工企业。符合条件的粮油加工企业，向地方粮食、财政部门提出申请，编写申报材料。企业申请材料经地方粮食、财政部门共同初选，省辖市粮食、财政部门审定核实后，上报至省粮食局、省财政厅。省粮食局会同省财政厅组织专家对各地上报的材料进行评审，公示无异议后，给予相应支持。

9. 建立河南省优质粮油线上交易终端

为鼓励和引导"好粮油"产品进行网上交易，我省将依托河南省粮食交易物流市场建立河南省优质粮油线上交易终端。河南省粮食交易物流市场制定实施方案后，省粮食局会同省财政厅组织专家对实施方案进行可行性评审，修改完善实施方案，测算并拨付中央及省级财政补助资金金额。河南省粮食交易物流市场根据实施方案，按照有关程序组织招标，进行项目建设。

10. 支持企业建立低温成品粮"公共库"

为满足成品粮油应急保供体系建设需要，我省将支持企业在大中城市，建设一批低温成品粮"公共库"。省粮食局统一制定并发布扶持企业条件，符合条件的企业，可向地方粮食、财政部门提出申请，经地方粮食、财政部门共同初选，省辖市粮食、财政部门审定核实材料后，上报省粮食局、省财政厅。省粮食局会同省财政厅组织专家对各地上报的材料进行评审，公示无异议后，确定拟支持项目名单。

（二）示范县好粮油行动计划

拟申报示范县（市）的人民政府要结合本地实际，通过竞争性遴选的方式确定1~2家大型粮油龙头加工企业，在申报示范县（市）时一并申报示范企业。中央粮食企业和省级国有粮食企业，按属地原则，到拟申报示范县（市）的人民政府申请成为示范企业。

省粮食局、省财政厅将通过专家评审的方式，择优选定具有优质粮油特别是优质小麦和优质花生生产潜力、较强加工实力的县（市），作为"中国好粮油"行动计划示范县（市），与该县共同申报的企业一并确定为该示范县（市）的示范企业。示范县（市）好粮油行动计划按照整县推进的原则，由县（市）人民政府统筹推进。

示范县（市）人民政府要结合本地实际，制定实施方案，报省粮食局、财政厅备案后组织实施。示范县专项资金由示范县（市）人民政府统筹使用，专项用于优质粮油调查统计、品质测评，优质粮油宣传、销售渠道及公共品牌创建，优质粮油检验、质量控制体系建设、产后科技服务公共平台等。示范县（市）人民政府要与示范企业签订建设合同，由示范企业按照优质优价原则对优质粮油品种进行市场化收购和销售，支持企业开展优质粮油专收专储专用、研发优质粮油产品、培育优质粮油品牌、扩大生产规模、实施技术改造、购置检验设备、建设优质粮油专卖店（超市）、实施放心粮油项目等，确保实现本地区农民优质粮油种植收益提高20%以上、粮油优质品率提升30%以上等建设目标。

五、保障措施

(一) 加强领导，健全组织

省粮食局、省财政厅将联合成立全省"中国好粮油"行动计划领导小组，统筹协调全省"中国好粮油"行动计划实施工作。省粮食局将加强工作考核，把"中国好粮油"行动计划纳入粮食安全市县长责任制考核内容。省粮食局、省财政厅将加强绩效评价工作，保障资金使用效率。各市县人民政府要高度重视"中国好粮油"行动计划，加强领导，建立完善对"中国好粮油"行动计划资金、项目的管理、考核制度。

(二) 顶层设计，统筹推进

省粮食局、省财政厅将做好落实"中国好粮油行动计划"的顶层设计，结合全省粮食行业实际，科学编制实施方案和补助资金申报指南，合理分配中央和省级财政补助资金，统筹推进全省的"中国好粮油"行动计划。各级粮食、财政部门，要发挥好财政资金的引导作用，重在补短板和薄弱环节，推动优质粮油产业发展。要注重整合资源，将"中国好粮油"行动计划的实施，与产后服务中心建设、质检体系建设、粮食产业经济发展、应急保供和放心主食、放心粮油体系建设等项目实施协调推进。

(三) 典型引领，示范带动

根据"中国好粮油"行动计划实施方案，通过竞争遴选示范县和示范企业，并充分发挥其示范引领作用，推动全省粮油品质提升。各示范县和示范企业要以高度的责任感和使命感，勇于创新，敢于担当，积极培育好粮油品牌，研发推广优质粮油新产品，辐射带动全省优质粮油产业发展。

(四) 明确责任，狠抓落实

各级粮食、财政部门要严格落实主体责任，形成"一把手"负总责、分管领导亲自抓、部门负责人具体抓的工作机制，认真审核把关申报材料。省粮食局、省财政厅负责政策制定、督促抽查政策落实情况、项目和资金监管等，协调解决工作实施中的重大共性或政策性问题；各市县粮食局、财政局负责材料审核上报、示范县（市）遴选推荐等；各级粮食部门负责优质粮油产业发展统计数据审核、汇总、上报；各级财政局负责专项资金拨付、监管；各示范县（市）级人民政府负责自筹资金落实、示范企业确定等。各建设主体要科学编制申报材料，对申报材料真实性负责。各地都要明确工作目标任务、时间节点和工作措施，狠抓工作落实，切实按照财政部、国家粮食局要求，保质保量完成今年"中国好粮油"行动计划工作任务。

成立全省粮食产后服务体系建设专家组
暨"中国好粮油"行动计划专家组

为做好我省"优质粮食工程"工作，经研究，决定从河南工业大学、河南农业大学、河南工业大学设计院、河南省粮食工程设计院有限公司、郑州中粮科研设计院有限公司、河南工业贸易职业学院、河南省粮油饲料产品质量监督检验中心抽调相关专家，组成全省粮食产后服务体系建设专家组和"中国好粮油"行动计划专家组。

一、河南省粮食产后服务体系建设专家组名单

组长：李　昭　河南工业大学设计院高级工程师
成员：李梦琴　河南农业大学教授
　　　王荣帅　郑州中粮科研设计院有限公司研究员
　　　梁彩虹　河南工业大学设计院高级工程师
　　　张剑刚　河南省粮食工程设计院有限公司高级工程师
　　　尹成华　河南省粮油饲料产品质量监督检验中心教授级高级工程师

二、河南省"中国好粮油"行动计划专家组名单

组长：王晓曦　河南工业大学教授
成员：艾志录　河南农业大学教授
　　　张国治　河南工业大学教授
　　　温纪平　河南工业大学教授
　　　于学军　河南工业贸易职业学院教授
　　　范自营　河南省粮油饲料产品质量监督检验中心高级工程师

三、专家组职责

（一）河南省粮食产后服务体系建设专家组主要职责为：负责全省粮食

产后服务体系建设各类技术标准的制定，工程技术咨询与指导，粮食产后服务中心项目规划、实施、评估、验收等工作业务指导。

（二）河南省"中国好粮油"行动计划专家组主要职责为：负责全省"中国好粮油"系列产品标准制定，全省绿色优质粮油产品生产指南编制，全省优质粮油产品必检项目目录制定，"中国好粮油"行动计划相关业务指导等工作。

四、专家组工作纪律

专家组成员应遵循客观、公正、科学、公平的原则，认真负责地履行专家组职责，制定好相关标准和技术规范；严格遵守国家法律、法规和相关政策规定，并注意做好保密工作。

成立河南省"优质粮食工程"领导小组

根据《国家粮食局、财政部关于印发"优质粮食工程"实施方案的通知》（国粮财〔2017〕180号）精神，为加强"优质粮食工程"组织领导，确保工程建设顺利实施，经研究，决定成立河南省"优质粮食工程"领导小组。

组　长：赵启林　省粮食局局长

副组长：李新建　省财政厅副厅长

　　　　刘大贵　省粮食局副局长

　　　　乔心冰　省粮食局副局长

成　员：李志刚　省财政厅服务业处处长

　　　　冯　伟　省粮食局财务处处长

　　　　朱保成　省粮食局流通与科技发展处处长

　　　　刘君祥　省粮食局政策法规处处长

领导小组下设三个办公室：

粮食产后服务体系建设办公室主任由乔心冰同志兼任，朱保成、李志刚同志任办公室副主任。

粮食质量安全检验监测体系建设办公室主任由刘大贵同志兼任，刘君祥、李志刚同志任办公室副主任。

"中国好粮油"行动计划办公室主任由乔心冰同志兼任，朱保成、李志刚同志任办公室副主任。

各办公室人员由相关处室、单位人员组成。

河南省"优质粮食工程"实施情况
绩效评价工作实施方案

　　按照《财政部　国家粮食和物资储备局关于开展"优质粮食工程"实施情况绩效评价的通知》（财建〔2018〕196号）有关要求，结合我省实际，特制定本实施方案。

一、绩效评价对象和内容

　　（一）绩效评价对象。"优质粮食工程"专项补助资金的绩效情况。2018年对2017年至2018年8月31日的实施情况进行绩效评价；2019年对2017年至2019年3月31日的实施情况进行绩效评价。

　　（二）绩效评价内容。"优质粮食工程"专项补助资金具体评价内容包括：一是项目决策。包括是否根据实际制定具体项目实施方案、绩效评价方案等。二是项目管理。包括是否成立领导小组（机构）、制定相关资金管理办法、资金是否及时足额拨付等。三是项目产出。包括项目建设内容和建设进度是否符合相关规定、是否结合本地实际全面开展相关建设等。四是项目效果。包括优质粮油产品比例是否提高、种粮农民是否增收等。根据绩效评价内容，制定绩效评价指标体系（见附件），并根据实际执行情况进行动态调整。

二、绩效评价原则

　　（一）客观公正。要坚持阳光评价，严格按评价规定的程序开展相关工作，评价过程和结果要真实、客观、公正，有条件的地方应公开评价程序和结果，接受社会监督。

　　（二）问题导向。绩效评价要实事求是，坚持问题导向，发现问题、解决问题，切实发挥评价的作用，促进"优质粮食工程"更好地实施。

　　（三）系统全面。要对"优质粮食工程"的3个子项的实施情况和取得效果等进行全面评价，避免缺项漏项。同时，要根据实际情况，做到重点突出，尤其是要突出项目产出和项目效果。

三、绩效评价方法

通过材料核查、访谈、座谈、问卷调查、选点抽查为基础，各市县要综合运用对比分析、专家评议等方法，从投入、过程、产出、效果四个方面对"优质粮食工程"专项补助资金的计划执行、资金使用管理、综合效益等内容进行评价。绩效评价采用百分制，等级设置为：优（90～100分）、良（80～89分）、中（60～79分）、差（0～59分）。有以下情况之一为较差：

（一）资金未按政策规定用途使用。

（二）资金管理、使用问题被省级以上媒体曝光或被党中央、国务院、省委、省政府领导批示并查实。

（三）报送的相关证明材料弄虚作假。

四、绩效评价工作依据

（一）《河南省财政厅关于转发〈财政部关于印发产粮（油）大县奖励资金管理暂行办法的通知〉的通知》（豫财贸〔2017〕12号）

（二）《河南省粮食局　河南省财政厅关于印发"优质粮食工程"实施方案的通知》（豫粮文〔2017〕7号）

（三）《河南省财政厅　河南省粮食局关于加强"优质粮食工程"专项资金监管的通知》（豫财贸〔2018〕10号）

（四）《河南省粮食产后服务中心建设技术指南（试行）》（豫粮文〔2018〕72号）

（五）本地区本单位"优质粮食工程"三个子项的申报文件和具体实施方案。

（六）能够证明中央及省级财政补助资金落实到项目单位、证明项目实施进度、以及其他能够证明已开展相关工作的相关文件和资料（原件或复印件）。

五、评价程序

各市、县财政和粮食部门和省直粮食企业集团在本地区本单位"优质粮食工程"领导小组领导下，根据本方案中的总体评价指标和标准开展自评，务必于每年4月10日前将自评结果以正式文件形式报省财政厅、省粮食局（2018年对2017年度的评价结果报送时间可延长至2018年8月底），同时附带评分依据中的相关文件和材料（按评分表所列顺序装订成册）。各市县对提供的相关文件和材料以及评分结果的真实性、完整性、合法性负责。省财政厅、省粮食局对各地报送的自评结果进行程序性审核，并适时对自评结果进行复核。

六、结果运用

省财政厅、省粮食局将根据各地区各单位自评结果，按照"奖优罚劣"的原则，安排调整下一年度"优质粮食工程"相关项目申报名额及补助资金，并对示范县和示范企业作出相应奖惩。如果复核结果与自评结果差异较大，按照复核结果对上一年度的中央和省级财政补助资金分配结果进行校正，多退少补。

附件：1. "优质粮食工程"绩效评价指标体系
　　　2. "优质粮食工程"绩效自评报告编制格式

附件 1

单位：＿＿＿＿市（县）财政局，粮食局/集团有限公司

"优质粮食工程"绩效评价指标体系

一级指标	分值	二级指标	分值	三级指标	分值	指标解释	评分标准	得分
项目决策	14	实施方案	10	方案制定	10	是否制定具体实施方案	制定具体方案（10分）；未制定具体方案（0分）	
		评价体系	4	评价方案	4	是否设计具体的绩效评价方案	是（4分）；否（0分）	
		组织机构	5	领导小组	5	是否成立领导小组或机构	是（5分）；否（0分）	
项目管理	20	管理制度	5	资金管理办法	5	是否制定加强优质粮食工程资金管理的文件、使用程序和要求	制定了专门的资金管理文件（2分）；明确资金分配、拨付时限和使用等要求（3分）；没有相关办法（0分）	
		筹集资金	10	自筹资金	10	是否按申报文件的承诺落实自筹资金	按自筹资金到位比例计算得分	
项目产出	36	产出数量	21	粮食产后服务体系建设	7	项目建设内容是否符合粮食产后服务体系建设实施方案要求	明确了年度建设主体、农户（2分）；结合实际需要，科学确定并实施具体建设内容（2分）；确定了包含详细建设内容各内的具体到点的项目表（2分）；按整县推进原则开展项目建设（1分）	

续表

一级指标	分值	二级指标	分值	三级指标	分值	指标解释	评分标准	得分
项目产出	36	产出数量	21	粮食质检体系建设	7	项目建设内容是否符合国家粮食质量安全检验监测体系建设实施方案要求	明确了年度全部具体项目单位的(3分);利用财政补助资金为粮食质量检验仪器设备或配套基础设施建设的(4分);未确定具体项目单位,支持其他不符合有关方向建设内容的(0分)	
				"中国好粮油"行动计划	7	项目实施内容是否符合"中国好粮油"行动实施方案要求	确定了年度示范县(市)和示范企业(1分);开展了优质粮油调查统计、品质测评工作(1分);统筹开展了优质粮油宣传、销售渠道及公共品牌创建(2分);开展了优价订单收购,促进农民种植优质粮油增收(2分);大力开发优质粮食产品(1分)	
		产出质量	15	粮食产后服务体系建设	5	产后服务体系建设预算执行进度是否符合有关规定	全部项目单位完成进度达到100%(5分);完成进度达到80%~100%(4分);完成进度达到60%~80%(3分);完成进度达到30%~60%(2分);完成进度在30%以下(1分);未开始开展相关工作(0分)	

续表

一级指标	分值	二级指标	分值	三级指标	分值	指标解释	评分标准	得分
项目产出	36	产出质量	15	粮食质检体系建设	5	质检体系建设预算执行进度是否符合有关规定	全部项目单位预算执行进度达到100%（5分）；预算执行进度达到80%～100%（4分）；预算执行进度达到60%～80%（3分）；预算执行进度达到30%～60%（2分）；预算执行进度在30%以下（1分）；未开始开展相关工作（0分）	
				"中国好粮油"行动计划	5	"中国好粮油"行动预算执行进度是否符合有关规定	全部项目单位完成进度达到100%（5分）；完成进度达到80%～100%（4分）；完成进度达到60%～80%（3分）；完成进度达到30%～60%（2分）；完成进度在30%以下（1分）；未开始开展相关工作（0分）	
项目效果（辖区内拥有示范县（市）的省辖市和省直管示范县（市）评价指标）	30	经济效益	18	优质品率及经济发展	18	优质粮油产品比例是否提高，粮食产业经济总量是否提高	示范县（市）优质粮食产品产量同口径增加（4分）；示范企业优质粮食收购量同口径增加（4分）；示范企业优质粮油产品销售量同口径增加（4分）；粮油加工业总产值同口径增加（6分）；	
		社会效益	12	促农增收	12	种粮农民是否增收	示范县（市）优质粮食种植面积同口径扩大（6分）；示范企业订单农业面积同口径扩大（6分）；	

续表

一级指标	分值	二级指标	分值	三级指标	分值	指标解释	评分标准	得分
项目效果（其他省辖市和省直管省县（市）评价指标）	30	经济效益及社会效益	30	经济发展及农民增收	30	优质粮食收购量是增加；粮食产业经济总量是否增加；种粮农民是否增收	优质粮食收购量同口径增加（15分）；粮油加工业总产值同口径增加（15分）；	
项目效果（省级示范企业评价指标）	30	经济效益及社会效益	30	企业增效及农民增收	30	优质粮油产品比例是否提高；企业经济总量是否增加；种粮农民是否增收	优质粮食收购量同口径增加（7分）；优质粮油产品销售量同口径增加（7分）；示范企业订单农业面积同口径扩大（9分）；工业总产值同口径增加（7分）；	

得分合计

备注：建设内容和建设进度超额完成的，另行加3～5分，满分不超过100分。

附件2

"优质粮食工程" 绩效自评报告编制格式

一、项目基本情况

（一）项目概况。

（二）项目绩效目标。

二、项目单位绩效自评情况

（一）项目决策情况。包括是否按规定制定"优质粮食工程"具体实施方案；是否设计绩效评价体系和评价方案等。

（二）项目管理情况。包括是否成立领导小组或机构；是否制定加强"优质粮食工程"资金管理的文件，明确分配、拨付、使用程序和要求；是否按申报方案时的承诺落实自筹资金；中央及省级财政资金是否及时足额拨付。

（三）项目产出情况。包括项目建设内容是否符合有关规定，是否支持了不符合支持方向的内容；是否结合本地本单位实际情况全面开展相关建设；项目建设进度是否符合相关规定等。

（四）项目效果情况。包括粮食产后服务体系效用是否发挥；粮食质量安全检验检测能力是否提升；优质粮油品牌是否增加；粮食损失浪费率是否下降；粮油加工业总产值是否增加；优质粮油产品比例是否提高；种粮农民是否增收等。

三、综合评价情况及评价结论（附相关评分表）

四、主要经验及做法、存在的问题和建议

河南省 2017 年度"优质粮食工程"
实施情况绩效自评报告

根据《财政部　国家粮食和物资储备局关于开展"优质粮食工程"实施情况绩效评价的通知》（财建〔2018〕196 号）要求，我省认真开展了"优质粮食工程"实施情况绩效自评。

一、项目决策情况

（一）科学制定方案。为进一步推动"优质粮食工程"顺利实施，结合全省推进优质小麦、优质花生发展工作方案和粮食行业实际，印发了《河南省粮食局　河南省财政厅关于印发"优质粮食工程"实施方案的通知》（豫粮〔2017〕7 号），并及时向国家粮食物资储备局和财政部进行了备案。

（二）合理分配资金。2017 年，合计安排 6.2 亿元用于支持"优质粮食工程"建设，其中：中央财政安排我省"优质粮食工程"补助资金 3 亿元，省级财政筹措资金 3.2 亿元。根据"优质粮食工程"实施方案中确定的三个子项建设任务，结合粮食主产区对粮食产后服务需求较大的实际情况，合理确定了三个子项的资金分配数额。2017 年度，安排 3.8 亿元用于粮食产后服务体系；0.8 亿元用于质检体系；1.6 亿元用于"中国好粮油"行动计划。

（三）完善评价体系。为提高财政资金使用效益，按照财建〔2018〕196 号有关要求，结合我省实际，印发了《河南省"优质粮食工程"实施情况绩效评价工作实施方案》（豫财贸〔2018〕29 号），建立了绩效评价体系，并对如何做好绩效自评提出了明确要求。

二、项目管理情况

（一）成立组织机构。为加强"优质粮食工程"组织领导，省粮食局、省财政厅下发了《关于成立"优质粮食工程"领导小组的通知》（豫粮文〔2018〕29 号），成立了以省粮食局局长为组长的领导小组，明确了部门工作职责。同时，要求各省辖市、省直管县（市）粮食局、省直粮食企业建立领导小组，协调解决项目建设中的问题和困难。

（二）健全管理制度。为加强财政资金监管，规范项目管理，先后印发了《河南省财政厅 河南省粮食局关于加强"优质粮食工程"专项资金管理的通知》（豫财贸〔2018〕10 号）和《河南省粮食局 河南省财政厅关于印发河南省粮食产后服务体系建设项目管理办法的通知》（豫粮文〔2018〕78 号），明确了资金使用范围、分配方法、拨付使用程序以及项目申报、实施、验收等相关要求。此外，还结合工作需要，先后出台了项目申报指南、评审办法、技术指南等相关制度办法，进一步规范了项目管理。

（三）积极筹集资金。严格落实"优质粮食工程"申报承诺，按照不低于中央财政补助资金标准落实省级财政配套资金。2017 年度，我省"优质粮食工程"预计投资 13.47 亿元，其中，中央财政补助 3 亿元，省级财政筹措 3.2 亿元，市县财政及企业筹集 7.27 亿元。

三、项目产出情况

（一）产出数量

1. 粮食产后服务体系。立足粮食仓储企业、粮油加工企业和农民合作社等三种类型建设主体的现有粮食流通基础设施，按照整县推进的原则，规划 2017~2019 三年建设 1016 个专业化、市场化、经营性的粮食产后服务中心。粮食产后服务中心可根据实际需求，选择粮食仓储物流设施、粮食产后清理干燥设施、检化验设备、改造放心粮油便民店（超市）等主要建设内容，为农民提供粮食产后"五代"服务。《河南省粮食产后服务中心建设项目申报指南》（豫粮文〔2017〕200 号）进一步明确了年度建设主体、建设内容、建设计划等相关内容。

2. 粮食质检体系。重点实施省市县三级 139 个质检机构的监测能力提升，购置检验仪器设备，服务优质粮油生产、收获、储存、加工、销售环节的质量调查、品质测报和快速监测、质量检验等，构建全方位、无死角的粮食质检体系，打造从田间到餐桌的粮食质量安全"防护网"，助推河南食品安全省建设。《粮食质检体系建设项目申报指南》（豫粮文〔2017〕223 号）进一步明确了建设主体、年度建设计划以及财政资金支持方式等相关内容。

3. 中国"好粮油"行动计划。结合我省实际，遴选 41 个"河南好粮油（主食）"产品、74 个"河南放心粮油（主食）"产品；15 家"河南好粮油（主食）"加工企业、26 家"河南放心粮油（主食）"加工企业，并对"好粮油"品牌及产品的进行了宣传和推广。支持召开 2017 郑州·中国好粮油产销对接博览会，不断提升我省粮油产品品牌知名度和影响力。财政资金重点扶持 9 个示范县（市、区）、2 家省级示范企业。

（二）产出质量

2017 年，我省共安排 6.2 亿元用于支持"优质粮食工程"建设，目前，已拨付下达资金 4.61 亿元，其中：安排 3.78 亿元用于支持 370 个产后服务中心建设；0.5 亿元用于支持 9 个"中国好粮油"省级示范县建设；0.2 亿元用于支持 2 家"中国好粮油"省级示范企业；0.08 亿元用于支持 1 个成品粮低温库建设；0.05 亿元用于支持 2017 郑州·中国好粮油产销对接博览会。

剩余资金中，计划安排 0.8 亿元用于支持粮食质检体系建设；通过财政贴息或财政补助的方式，安排 0.78 亿元用于支持相关粮油加工企业采购原料或进行粮油产品生产的技术改造。目前，上述项目已申报完毕，部分项目已完成了专家评审和公示等相关程序，预计剩余资金将于 6 月底前下达。

四、项目预期效果

（一）粮食产后服务能力明显增强。我省 2017 年度粮食产后服务中心项目建设完成后，预计新增安全储粮仓容 91 万吨，就仓干燥能力 6.19 万吨/日，清理、输送设备 3635 台（套）、检验检测设备 2199 台（套）、网上交易终端设施 207 台（套）。全省粮食收储能力显著提高，市场议价能力明显增强，粮食优质优价得以有效保障，储粮损失将大幅降低，全省因粮食霉烂变质、品质下降的损失浪费预计比上年下降 10%。

（二）推动粮食种植结构进一步优化。通过"优质粮食工程"的实施，特别是"中国好粮油"行动计划示范工程的示范带动作用，优质优价全面形成，农民种植优质粮食的积极性明显增强，全省粮食种植结构进一步优化。2017～2018 年度，我省优质小麦种植面积达 840 万亩，预计产量达 420 万吨，比去年增加 240 万亩，预计产量增加 120 万吨；优质花生种植面积预计达 2200 万亩，产量达 770 万吨，比去年增加 200 万亩，预计产量增加 70 万吨。

（三）"好粮油"品牌效益显著提高。我省实施"中国好粮油"行动计划，提出了发展"河南好粮油（主食）"和"河南放心粮油（主食）"的思路。遴选了一批"河南好粮油（主食）"和"河南放心粮油（主食）"产品和加工企业，制定了统一的产品标识（LOGO），企业可在产品包装和宣传时规范使用。同时，在科技活动周、产销对接会等重要活动和《河南日报》《粮油市场报》等重要媒体，对河南"好粮油"品牌及产品进行了宣传和推广。"好粮油"品牌知名度和影响力显著提升，进一步促进了全省粮油加工业提档升级和快速发展。此外，质检体系项目建设完成后，基层粮食质检机构严重缺失的问题将得到改善，粮食质量安全监管水平可得到大幅提升，粮食检验监测体系将得到进一步完善。

综上，根据"优质粮食工程"绩效评价指标体系评价内容和得分标准，经认真自评，我省自评得分95分，评价等级为"优"。

呈报河南省"优质粮食工程"
三年实施方案

　　2017 年，我省被财政部、国家粮食局确定为"优质粮食工程"首批重点建设省份，下达扶持资金 3 亿元。根据《财政部　粮食和储备局关于报送"优质粮食工程"三年实施方案的通知》（财建〔2018〕410 号）要求，为进一步提高中央财政资金使用效益，结合我省 2017 年"优质粮食工程"项目实施情况，我们对我省"优质粮食工程"三年实施方案进行了调整完善，形成了"优质粮食工程"3 个子项实施方案。

河南省粮食产后服务体系建设三年实施方案

按照《财政部 粮食和物资储备局关于报送"优质粮食工程"三年实施方案的通知》（财建〔2018〕410号）有关要求，结合我省实际，特制定本实施方案。

一、主要目标

（一）总体目标

针对市场化收购条件下农民收粮、储粮、售粮、清理、烘干等环节中的需求，通过整合粮食流通领域现有资源，建立专业化、经营性的粮食产后服务中心，为种粮农民提供"代清理、代干燥、代储存、代加工、代销售"等"五代"服务。到"十三五"末，全省建成1016个粮食产后服务中心，实现104个产粮大县和21个其他县全覆盖。建成布局合理、能力充分、设施先进、功能完善、满足粮食产后处理需要的新型社会化粮食产后服务体系，形成专业化服务能力。

（二）年度目标

2017～2018年度完成41个县的粮食产后服务中心建设，建成粮食产后服务中心370个；2018～2019年度完成37个县的粮食产后服务中心建设，建成粮食产后服务中心273个；2019～2020年度完成47个县的粮食产后服务中心建设，建成粮食产后服务中心373个。

二、实施范围

（一）建设类别

根据服务规模和功能，我省粮食产后服务中心分三种类型建设：

1. 一类中心。对老旧仓房原址改造（包括建设仓房周围道路地坪等基础设施，配置相应的环流熏蒸、智能通风及多功能粮情检测系统等）；改造营业面积不低于100平方米的放心粮油便民店（超市）；建设专用烘干设施；配置清理、输送设备；配备快速检化验或常规检化验设备；配备可与全国粮食交易中心平台连接的网上交易终端等。

2. 二类中心。对老旧仓房原址改造（包括建设仓房周围道路地坪等基础设施，配置相应的环流熏蒸、智能通风及多功能粮情检测系统等）或建设相应规模的专用烘干设施；改造营业面积不低于 60 平方米的放心粮油便民店（超市）；配置清理、输送设备；配备快速检化验或常规检化验设备；配备可与全国粮食交易中心平台连接的网上交易终端等。

3. 三类中心。建设烘干设施；配置清理、输送设备；配备快速检化验或常规检化验设备；配备可与全国粮食交易中心平台连接的网上交易终端；粮食银行、放心粮油配送中心、放心粮油便民店建设等。

以上三种类型粮食产后服务中心可在规定范围内，根据实际需要选择相应的建设内容进行建设。

（二）建设数量

粮食产后服务中心建设根据粮食生产的集中度、粮食产量和服务功能的辐射半径确定，且按照满足粮食产后服务需求、近民利民便民的原则合理布局。三类中心建设主体应至少有一个农民合作社或粮油加工企业。

1. 超级产粮大县。项目总数不超过 12 个，其中一类中心不超过 1 个，二类中心不超过 1 个，其余为三类中心；或二类中心不超过 4 个，其余为三类中心。

2. 产粮大县。项目总数不超过 10 个，其中一类中心不超过 1 个，二类中心不超过 1 个，其余为三类中心；或二类中心不超过 3 个，其余为三类中心。

3. 其他县。项目总数不超过 4 个，其中一类中心不超过 1 个，二类中心不超过 1 个，其余为三类中心；或二类中心不超过 2 个，其余为三类中心。

4. 中央、省直和市直企业的数量按全省年度计划执行。

（三）建设主体

粮食产后服务中心以粮食仓储企业、粮油加工企业和农民合作社为建设主体，确保一个县有 2 家以上的建设主体。鼓励和支持粮食产后服务中心与农民合作社采取合作、托管、订单、相互参股或签订协议等多种方式，建立长期稳定的合作关系。

三、资金规模

严格落实"优质粮食工程"申报承诺，按照不低于中央财政补助资金标准落实省级财政配套资金，中央及省财政补助不超过总投资的 60%，市县财政及企业不低于总投资的 40% 的标准筹集建设资金。同时，一类中心补助资金不超过 360 万元，二类中心补助资金不超过 180 万元，三类中心补助资金不超过 36 万元。2017 年度重点支持 370 个粮食产后服务体系建设项目，总投资 6.4 亿元，其中：中央财政补助资金 1.9 亿元，省级财政补助资金 1.9 亿元，市县财政及企业筹集 2.6 亿元。2018 年度计划实施粮食产后服务中心建设项目 243 个，总投资 4.3 亿元。其中：中央补助资金 1.3 亿元，省级财政补助资金 1.3 亿元，市县财政及企业筹集 1.7 亿元。2019 年度，预计我省粮食产后服务体系建设总投资 3 亿元左右。其中：中央补助资金 0.9 亿元，省级财政补助资金 0.9 亿元，市县财政及企业筹集 1.2 亿元。

四、进度安排

收到优质粮食工程中央补助资金后，省财政厅将配合省粮食局在一周内发布粮食产后服务体系建设项目申报指南，明确支持范围、方式、条件、数量等。省辖市粮食局、财政局按照申报指南要求，结合全省粮食产后服务体系建设年度计划（见表 1），确定本年度建设县和市直企业，报省粮食局、省财政厅，中央企业和省直企业直接报省粮食局、省财政厅。纳入年度建设计划的企业可根据要求自愿申报。项目申报完成后，按照项目评审办法组织专家进行评审和项目公示。项目公示结束后，下达项目名单，同时将中央补助资金连同省级财政配套资金一同拨付到各市县财政局及中央、省直粮食企业。列入年度建设计划的项目要确保在项目名单下达后 6 个月内完成项目建设任务。

表 1　河南省粮食产后服务体系建设年度计划表

序号	省辖市	2017~2018 年度		2018~2019 年度		2019~2020 年度	
		县（个）	市直企业（个）	县（个）	市直企业（个）	县（个）	市直企业（个）
1	郑州	2	1	1	1	3	0
2	开封	2	1	1	1	1	0
3	洛阳	2	1	3	1	4	0
4	平顶山	2	1	2	1	1	0
5	安阳	1	1	2	1	2	0
6	鹤壁	1	1	2	1	2	0
7	新乡	2	1	2	1	3	0
8	焦作	2	1	2	1	2	0

续表1

序号	省辖市	2017~2018 年度		2018~2019 年度		2019~2020 年度	
		县（个）	市直企业（个）	县（个）	市直企业（个）	县（个）	市直企业（个）
9	濮阳	2	1	2	1	3	0
10	许昌	1	1	2	1	2	0
11	漯河	1	1	1	1	1	0
12	三门峡	1	1	2	1	1	0
13	南阳	3	1	4	1	5	0
14	商丘	2	1	3	1	3	0
15	信阳	2	1	3	1	4	0
16	周口	2	1	3	1	4	0
17	驻马店	2	1	2	1	5	0
18	济源	1	0	0	0	0	0
19	省直管县（市）	10	0	0	0	0	0
	合计	41	17	37	17	47	0
中央和省直企业由省财政拨款补助，按需申报							

五、绩效分析

为提高"优质粮食工程"专项补助资金使用效益，根据《财政部 国家粮食和物资储备局关于开展"优质粮食工程"实施情况绩效评价的通知》有关精神，结合我省实际，省财政厅、省粮食局联合印发《河南省"优质粮食工程"绩效评价工作实施方案》，按照客观公正、问题导向、系统全面的原则对粮食产后服务体系建设等项目决策、管理、产出、效果等方面进行评价。省财政厅、省粮食局将根据各地区、各单位绩效自评结果安排调整下一年度项目申报名额和补助资金。

六、保障措施

（一）强化组织领导。各级粮食和财政部门要高度重视、密切配合，按照省粮食局、省财政厅有关要求，成立领导小组，建立工作机制，确保"中国好粮油"行动计划顺利推进。要加强对项目建设的履职监督，将产后服务体系建设作为重要指标纳入粮食安全市县长责任制考核范围，层层压实责任，确保工作落实，取得实效。

（二）注重统筹规划。各级粮食、财政部门要结合本地实际，按照产后服务中心逐步全覆盖的总体目标、建设范围和条件等要求，统筹本地区各产粮大县的建设任务、项目和内容，突出重点，合理确定年度建设项目规模数量。

（三）明确责任分工。省粮食局、省财政厅负责政策制定、督促抽查政策落实及项目实施情况，协调解决工作实施中的重大共性或政策性问题；各省辖市、省直管县（市）粮食局、财政局负责建设规划、项目申报、材料核查、质量监管等；各省辖市、省直管县（市）财政局负责专项资金拨付、资金监管；县级政府作为组织实施的责任主体，组织财政、粮食行政管理部门开展需求摸底调查、编制项目建设方案，承担建设管理、项目验收、设施信息档案管理、总结上报等工作；各县（市、区）级粮食局在同级政府的领导下负责组织企业申报，对申报材料进行审核、督促建设进度，会同财政等有关部门对项目进行验收和绩效评价。

（四）加强资金监管。要强化廉政风险防控，加强对项目资金使用的监督、指导和监管，做到专款专用，切实保障资金安全。要建立绩效追踪问责、全程监管制度，规范项目建设程序，完善责任落实机制，细化落实责任；要切实承担起项目实施的主体责任，实时跟踪了解和报送项目进展情况，协调解决项目出现的困难和问题，争主动、真落实，提高项目的落地速度、实施进度和建设质量，做到干成事、不出事，发现问题，及时纠正。

河南省粮食质量安全检验监测体系
建设三年实施方案

　　为着力解决粮食质量安全预警监测与检验把关能力不足、基层粮食质检机构严重缺失的问题，提升粮食质量安全监管水平，保障粮食质量安全，根据《财政部　粮食和储备局关于报送"优质粮食工程"三年实施方案的通知》（财建〔2018〕410号）有关要求，结合我省实际，制定本实施方案。

一、建设目标

　　按照"机构成网络、监测全覆盖、监管无盲区"的工作方针，2017～2019年，我省重点支持100个粮食质检体系建设项目，分三年实施。其中：2017年建设项目34个，2018年计划建设项目41个，2019年计划建设项目25个。通过支持配置质量安全和分等定级的检验监测仪器设备等，建立与完善以省级粮食质量监测中心为核心、市级粮食质量监测中心为骨干、区域重点粮食质量监测中心为支撑，省、市、县三级联动的粮食质检体系。

二、建设内容

（一）分年度实施安排

　　我省粮食质检体系计划建设项目100个，分3年实施。3年计划分别如下：

　　2017年建设项目为34个，其中：新建县级项目31个，新建市级站1个，第三方粮食质检机构1个，有关高校1个。

　　2018年计划建设项目41个，其中：新建项目22个，提升项目19个。

　　2019年计划建设项目25个，其中：新建项目24个，提升项目1个。

（二）项目投资

　　坚持中央、省级财政适当补助，中央与地方共建共享的原则，共同推进粮食质检体系建设。中央及省财政补助资金全部用于粮食仪器设备配备，地方配套资金主要用于基础设施的建设和改造。

2017 年度，我省粮食质检体系建设项目共投资 1.4 亿元，其中，中央财政补助 0.39 亿元，省级财政 0.39 亿元，地方财政及企业、相关高校 0.62 亿元。

2018 年度，预计我省粮食质检体系建设总投资 1.61 亿元，其中，中央财政补助 0.483 亿元，省级财政补助 0.483 亿元，地方财政及企业 0.644 亿元。

2019 年度，预计我省粮食质检体系建设总投资 0.8 亿元。其中，中央财政补助 0.24 亿元，省级财政补助 0.24 亿元，地方财政及企业 0.32 亿元。

（三）实施计划

1. 发布申报指南。结合中央文件精神和工作实际，省粮食局、省财政厅联合制定发布粮食质检体系项目申报指南，统一规范各地项目编制格式、基本要求和主要内容。

2. 开展申报工作。符合条件的建设主体，向当地粮食、财政部门提出申请，编写申报材料。各省辖市、直管县（市）粮食、财政部门审定核实申报材料后，正式行文报送省粮食局、省财政厅。

3. 组织专家评审。省粮食局、省财政厅组织专家对各地上报的材料进行评审，公示无异议后，确定建设项目。

4. 实施建设项目。各省辖市、直管县（市）负责辖区内项目建设进度、质量、资金使用、企业配套资金落实等工作。省粮食局、省财政厅根据工作进展情况，不定期对项目实施情况进行现场监督检查。

三、保障措施

（一）强化组织领导。各级粮食和财政部门要高度重视、密切配合，按照省粮食局、省财政厅有关要求，成立领导小组，建立工作机制，确保粮食质量体系建设顺利推进。要加强对项目建设的履职监督，将粮食质量体系建设作为重要指标纳入粮食安全市县长责任制考核范围，层层压实责任，确保工作落实，取得实效。

（二）注重统筹规划。各级粮食、财政部门结合本地区粮食行业实际，统筹考虑辖区内人口、粮食产量、质检体系建设情况等相关因素，科学制定全省粮食质检体系建设年度计划，规范编制粮食质检体系项目申报、招标、验收、绩效评价等规章制度或管理办法。

（三）明确责任分工。省粮食局、省财政厅负责政策制定、督促抽查政策落实及项目实施情况，研究解决工作中的重大共性或政策性问题；各省辖市、省直管县（市）粮食局、财政局负责建设规划、项目申报、材料核查、质量监管、本级项目资金支付等；各省辖市、省直管县（市）财政局负责专项资金拨付、资金监管；各县（市、区）级粮食局在同级人民政府的领导下负责组织申报，对申报材料进行审核、督促建设进度，会同财政等有关部门对项目进行验收、绩效评价和本级项目资金支付。各建设主体要认真编制申报材料，对材料真实性负责。

（四）加强资金监管。要强化廉政风险防控，加强对项目资金使用的监督、指导和监管，做到专款专用，切实保障资金安全。要切实承担起项目实施的主体责任，实时跟踪了解和报送项目进展情况，协调解决项目出现的困难和问题，争主动、真落实，提高项目的落地速度、实施进度和建设质量，确保好事办出好效果。

河南省"中国好粮油"行动计划
三年实施方案

按照《财政部 粮食和物资储备局关于报送"优质粮食工程"三年实施方案的通知》（财建〔2018〕410号）有关要求，结合我省粮食流通产业发展实际，特制定本方案。

一、主要目标

实施"中国好粮油"行动计划，通过标准引领、质量测评、品牌培育、宣传推广和试点示范，促进全省粮油产业发展，提高绿色优质粮油产品的供给水平，满足城乡居民消费升级需要，实现粮油供给从"吃得饱"到"吃得好"的转变。

（一）总体目标

突出我省优质小麦专用粉、米制品、馒头系列、面条系列、速冻产品和方便食品系列等主食产业化产品，以及花生油、芝麻油等食用植物油产品特色，扶持一批大型、龙头、优质粮油加工企业，开发生产一批"好粮油"产品，培育一批绿色优质粮油品牌，形成粮油产品健康消费良好氛围，促进粮食优质品率显著提升，力争到2020年全省产粮大县粮食优质品率提高30%以上。

（二）年度目标

1.2017年度目标。形成优质粮油品质测评2017~2018年度报告；做好优质粮油产业发展统计调查；遴选"放心粮油（主食）"产品100个、"河南好粮油（主食）"产品40个，推荐河南粮油产品入选"中国好粮油"产品20个；建设规模0.5万吨的低温成品粮"公共库"1个；河南特色优质粮油产品在全省颇具影响，消费理念逐步向健康营养转变；全省产粮大县粮食优质品率提高10%以上。

2.2018年度目标。形成优质粮油品质测评2018~2019年度报告；做好优质粮油产业发展统计调查；遴选"放心粮油（主食）"产品60个、"河南好粮油（主食）"产品 20 个，推荐河南粮油产品入选"中国好粮油"产品 10 个；建设规模 0.5 万吨的低温成品粮"公共库"1 个；河南特色优质粮油产品在全国形成影响，消费理念逐步向绿色优质转变；全省产粮大县粮食优质品率提高 10% 以上。

3. 2019 年度目标。形成优质粮油品质测评 2019～2020 年度报告；做好优质粮油产业发展统计调查；遴选"放心粮油（主食）"产品 40 个、"河南好粮油（主食）"产品 20 个，推荐河南粮油产品入选"中国好粮油"产品 10 个；建设规模 0.5 万吨的低温成品粮"公共库"1 个；河南特色优质粮油产品在全国家喻户晓，绿色优质的消费理念全面形成；全省产粮大县粮食优质品率提高 10% 以上。

二、主要任务

（一）遴选"好粮油"产品及加工企业。结合全省实际，制定"河南放心粮油（主食）"和"河南好粮油（主食）"产品及加工企业遴选条件，组织开展"河南放心粮油（主食）"产品、"河南省放心粮油（主食）加工企业"遴选工作。在河南"放心粮油（主食）"产品及品牌中，遴选"河南好粮油（主食）"产品，并认定"河南省好粮油（主食）加工企业"。"河南放心粮油（主食）"和"河南好粮油（主食）"加工企业允许使用"河南好粮油""河南放心粮油"产品标识。

（二）开展"好粮油"品牌及膳食营养宣传。充分利用广播、电视、报纸和其他新媒体等，以打造"河南好面""河南好油"品牌为目的，组织、策划全省好粮油系列宣传活动，宣传推广全省粮油知名品牌；适时组织开展"河南好粮油中国行"活动，引导舆论宣传，提高河南粮油品牌竞争力；制作播放宣传片，发放主题宣传册、宣传品，开展主题讲座，营造良好的舆论氛围，引导健康的消费观念。

（三）建立健全好粮油销售体系。在大中城市建立一批具有公益属性、满足优质粮油产品保鲜储存要求、便于优质粮油产品配送的低温成品粮"公共库"，为优质粮油产品销售提供有偿的公共服务。建立河南省优质粮油线上交易终端，与国家级"中国好粮油"线上平台对接。鼓励优质粮油企业与电商企业合作、自建电商平台等，开展线上交易。支持企业建立连锁超市、设立优质粮油产品专柜、在社区设置自助销售设备、建设优质粮油销售店等，拓展优质粮油产品线下销售渠道。

（四）大力推进优质粮油产业化。采取财政贴息、补助、奖励等形式，支持"河南好粮油（主食）""河南放心粮油（主食）"加工企业拉长产业链条，建立优质原粮生产基地，开展优质原粮订单收购，完善优质粮油产品线上线下销售体系，加大科研投入，加强品牌宣传，做大做强优质粮油产业。

（五）开展优质粮油测评和统计。根据国家粮食和物资储备局要求和我省粮食行业实际，定期对全省生产销售的粮油产品开展测评，形成优质粮油品质测评报告。

（六）实施"中国好粮油"示范工程。推进"中国好粮油"行动计划示范县建设。择优选定具有优质粮油特别是优质小麦和优质花生生产潜力、较强加工实力的县（市），作为"中国好粮油"行动计划示范县（市）。示范县（市）人民政府结合本地实际，通过竞争性遴选的方式确定 1～2 家示范企业，与示范企业签订建设合同。通过发挥示范企业典型带动作用，辐射带动周边区域优质粮油产业发展，确保实现本地区农民优质粮油种植收益提高 20% 以上、粮油优质品率提升 30% 以上等建设目标。

推进"中国好粮油"行动计划省级示范企业建设。择优选定具有核心竞争力和行业带动力的大型龙头加工企业，作为"中国好粮油"行动计划省级示范企业。支持示范企业建设优质原粮基地、开展优质粮油专收专储专用、研发优质粮油产品、培育优质粮油品牌、实施技术改造、扩大生产规模、建设优质粮油便民店（超市）等，发挥示范企业典型带动作用，推动一二三产业融合，逐步形成"农业＋产业"模式，促进种粮农民增收，辐射带动关联粮食企业发展。

三、资金规模

2017～2019 年，河南省"中国好粮油"行动计划预计总投资 21.58 亿元，其中：2017 年度 5.58 亿元，2018 年度 8.00 亿元，2019 年度 8.00 亿元。

（一）2017 年度计划投资 5.58 亿元，其中：中央财政补助 0.68 亿元，省级财政补助 0.89 亿元，地方财政及企业自筹 4.01 亿元。示范县投资 3.23 亿元，其中：中央财政补助 0.25 亿元，省级财政补助 0.25 亿元，地方财政及企业自筹 2.73 亿元；省级示范企业投资 1.42 亿元，其中：中央财政补助 0.1 亿元，省级财政补助 0.1 亿元，企业自筹 1.22 亿元；低温成品粮"公共库"示范项目投资 0.14 亿元，其中：中央财政补助 0.04 亿元，省级财政补助 0.04 亿元，企业自筹 0.06 亿元；省级财政安排 0.07 亿元用于举办郑州·中国好粮油产销对接博览会；好粮油企业贴息或补助预计 0.62 亿元，其中：中央财政补助 0.24 亿元，省级财政补助 0.38 亿元；宣传、测评、抽检等费用 0.1 亿元，其中：中央财政补助 0.05 亿元，省级财政补助 0.05 亿元。

（二）2018 年度计划投资 8.00 亿元，其中：中央财政补助 2.40 亿元，省级财政补助 1.42 亿元，地方财政及企业自筹 4.18 亿元。6 个示范县计划投资 3.00 亿元，6 个省级示范企业投资 3.00 亿元，低温成品粮"公共库"示范项目计划投资 0.15 亿元，好粮油企业贴息或补助 1.50 亿元，宣传、测评、抽检等费用 0.35 亿元。

（三）2019 年度计划投资 8.00 亿元，其中，中央财政补助 2.40 亿元，省级财政补助 2.06 亿元，地方财政及企业自筹 3.54 亿元。6 个示范县计划投资 3.00 亿元，6 个省级示范企业投资 3.00 亿元，低温成品粮"公共库"示范项目计划投资 0.15 亿元，好粮油企业贴息或补助 1.50 亿元，宣传、测评、抽检等费用 0.35 亿元。

四、实施计划

（一）发布申报指南。结合中央文件精神和工作实际，省粮食局、省财政厅联合制定发布中国"好粮油"行动计划项目申报指南，统一规范各地项目编制格式、基本要求和主要内容。

（二）开展申报工作。符合条件的建设主体，向当地粮食、财政部门提出申请，编写申报材料。各省辖市、直管县（市）粮食、财政部门审定核实申报材料后，正式行文报送省粮食局、省财政厅。

（三）组织专家评审。省粮食局、财政厅组织专家对各地上报的材料进行评审，公示无异议后，确定建设项目。

（四）实施建设项目。各省辖市、直管县（市）负责辖区内项目建设进度、质量、资金使用、企业配套资金落实等工作。省粮食局、省财政厅根据工作进展情况，不定期对项目实施情况进行现场监督检查。

五、预期绩效

到 2020 年，通过科技活动周、食品安全周、粮食交易大会和产销对接会等活动载体及《河南日报》《粮油市场报》等重要媒体的大力宣传，大幅提升全省粮油品牌知名度和影响力，提高企业经济效益，推动全省粮食产业经济提档升级和快速发展。进而促进"优粮优价"的全面形成，带动粮食种植结构的优化调整，全省产粮大县粮食优质品率提高 30% 以上。全省示范县优质粮食产量大幅提升，示范企业优质粮食收购量、优质粮油产品销售量显著提高，种粮农民收益明显增加。

六、保障措施

（一）强化组织领导。各级粮食和财政部门要高度重视、密切配合，按照省粮食局、省财政厅有关要求，成立领导小组，建立工作机制，确保"中国好粮油"行动计划顺利推进。要加强对项目建设的履职监督，将"中国好粮油"行动计划作为重要指标纳入粮食安全市县长责任制考核范围，层层压实责任，确保工作落实，取得实效。

（二）注重统筹规划。各级粮食、财政部门要结合本地实际，加强优质粮油发展总体设计，科学编制实施方案，明确本市县推进"中国好粮油"行动计划总体目标和分年度目标、重点任务、时间进度安排及主要措施；要充分发挥好财政资金的引导作用，重在补短板和薄弱环节，推动优质粮油产业发展；要注重整合资源，将"中国好粮油"行动计划的实施，与产后服务中心建设、质检体系建设、粮食产业经济发展、应急保供和放心主食、放心粮油体系建设等项目实施协调推进。

（三）明确责任分工。省粮食局、省财政厅负责政策制定、督促抽查政策落实及项目实施情况，研究解决工作中的重大共性或政策性问题；各省辖市、省直管县（市）粮食局、财政局负责建设规划、项目申报、材料核查、质量监管、本级项目资金支付等；各省辖市、省直管县（市）财政局负责专项资金拨付、资金监管；各县（市、区）级粮食局在同级人民政府的领导下负责组织申报，对申报材料进行审核、督促建设进度，会同财政等有关部门对项目进行验收、绩效评价和本级项目资金支付。各建设主体要认真编制申报材料，对材料真实性负责。

（四）加强资金监管。要强化廉政风险防控，加强对项目资金使用的监督、指导和监管，做到专款专用，切实保障资金安全。要切实承担起项目实施的主体责任，实时跟踪了解和报送项目进展情况，协调解决项目出现的困难和问题，争主动、真落实，提高项目的落地速度、实施进度和建设质量，确保好事办出好效果。

2017 年河南省优质粮食工程推进情况

2017 年，为推动"优质粮食工程"顺利实施，省财政厅、省粮食局积极谋划，扎实开展工作，取得了较好成效，现将有关情况汇报如下：

一、基本情况

省财政厅配合省粮食局印发了《"优质粮食工程"实施方案》（豫粮〔2017〕7 号），并筹措资金 3.2 亿元支持"优质粮食工程"建设。根据豫粮〔2017〕7 号中确定的三个子项建设任务，结合我省实际，合理确定了三个子项的资金分配数额，避免专项资金畸轻畸重。2017 年度安排 3.78 亿元用于支持 370 个产后服务中心建设；安排 0.78 亿元用于重点支持 34 个粮食质检体系建设项目；安排 1.64 亿元用于支持"中国好粮油"行动计划，其中：0.5 亿元用于支持 9 个"中国好粮油"省级示范县建设，0.2 亿元用于支持 2 家"中国好粮油"省级示范企业，0.08 亿元用于支持 1 个成品粮低温库建设，0.07 亿元用于支持 2017 郑州·中国好粮油产销对接博览会，0.79 亿元用于品牌宣传、测评测报支持相关粮油加工企业采购原料、技术改造等。

二、取得的成效

通过支持"优质粮食工程"建设，进一步完善了粮食产后服务功能、构建了新型粮食流通体系，提高了粮食质量安全保障能力和保障水平。一是粮食产后服务能力明显增强。我省 2017 年度粮食产后服务中心项目建设完成后，预计新增安全储粮仓容 91 万吨，就仓干燥能力 6.19 万吨/日，清理、输送设备 3635 台（套）、检验检测设备 2199 台（套）、网上交易终端设施 207 台（套）。全省粮食收储能力显著提高，市场议价能力明显增强，粮食优质优价得以有效保障，储粮损失将大幅降低，全省因粮食霉烂变质、品质下降的损失浪费预计比上年下降 10%。二是粮食种植结构进一步优化。通过"中国好粮油"行动计划示范工程的示范带动作用，优质优价全面形成，农民种植优质粮食的积极性明显增强。2017～2018年度，我省优质小麦种植面积达840万亩，产量达420万吨，比去年增加240万亩，产量增加120万吨；优质花生种植面积预计达2200万亩，产量达770万吨。三是"好粮油"品牌效益显著提高。我省实施"中国好粮油"行动计划，提出了发展"河南好粮油（主食）"和"河南放心粮油（主食）"的思路。遴选了一批"河南好粮油（主食）"和"河南放心粮油（主食）"产品和加工企业，制定了统一的产品标识（LOGO），企业可在产品包装和宣传时规范使用。通过对河南"好粮油"品牌及产品宣传和推广，"好粮油"品牌知名度和影响力显著提升，进一步促进了全省粮油加工业提档升级和快速发展。此外，质检体系项目建设完成后，基层粮食质检机构严重缺失的问题将得到改善，粮食质量安全监管水平可得到大幅提升，粮食检验监测体系将得到进一步完善。

河南省"优质粮食工程"三年
实施（调整）方案

按照《财政部　粮食和物资储备局关于完善"优质粮食工程"三年实施方案的通知》（财建〔2018〕581 号）要求，根据《财政部　国家粮食局关于在流通领域实施"优质粮食工程"的通知》（财建〔2017〕290 号）和《国家粮食局　财政部关于印发"优质粮食工程"实施方案的通知》（国粮财〔2017〕180 号）精神，结合我省实际，我们对《河南省"优质粮食工程"三年实施方案》再次进行了修改完善，分别形成了"优质粮食工程"3个子项实施方案（详见附件）。

河南省粮食产后服务体系建设三年 实施（调整）方案

按照《财政部 国家粮食局关于在流通领域实施"优质粮食工程"的通知》（财建〔2017〕290号）和《国家粮食局 财政部关于印发"优质粮食工程"实施方案的通知》（国粮财〔2017〕180号）有关要求，结合我省实际，特制定本实施方案。

一、主要目标

（一）总体目标

针对市场化收购条件下农民收粮、储粮、售粮、清理、烘干等环节中的需求，通过整合粮食流通领域现有资源，建立专业化、经营性的粮食产后服务中心，为农民提供收获粮食的清理、干燥、储存、加工、销售等服务。到"十三五"末，全省建成1016个粮食产后服务中心，实现104个产粮大县和21个其他县全覆盖。建成布局合理、能力充分、设施先进、功能完善、满足粮产后处理需要的新型社会化粮食产后服务体系，提升优粮优购保障能力。

（二）年度目标

2017～2018年度完成41个县的粮食产后服务中心建设，建成粮食产后服务中心370个；2018～2019年度完成37个县的粮食产后服务中心建设，建成粮食产后服务中心273个；2019～2020年度完成47个县的粮食产后服务中心建设，建成粮食产后服务中心373个。

二、实施范围

（一）建设类别

根据服务规模和功能，我省粮食产后服务中心分三种类型建设：

1. 一类中心。对老旧仓房原址改造（包括建设仓房周围道路地坪等基础设施，配置相应的环流熏蒸、智能通风及多功能粮情检测系统等）；改造营业面积不低于 100 平方米的放心粮油便民店（超市）；建设专用烘干设施；配置清理、输送设备；配备快速检化验或常规检化验设备；配备可与全国粮食交易中心平台连接的网上交易终端等。

2. 二类中心。对老旧仓房原址改造（包括建设仓房周围道路地坪等基础设施，配置相应的环流熏蒸、智能通风及多功能粮情检测系统等）或建设相应规模的专用烘干设施；改造营业面积不低于 60 平方米的放心粮油便民店（超市）；配置清理、输送设备；配备快速检化验或常规检化验设备；配备可与全国粮食交易中心平台连接的网上交易终端等。

3. 三类中心。建设烘干设施；配置清理、输送设备；配备快速检化验或常规检化验设备；配备可与全国粮食交易中心平台连接的网上交易终端；粮食银行、放心粮油配送中心、放心粮油便民店建设等。

以上三种类型粮食产后服务中心可在规定范围内，根据实际需要选择相应的建设内容进行建设。一类中心项目总投资不超过 600 万元，二类中心项目总投资不超过 300 万元，三类中心项目总投资不超过 60 万元。

（二）建设数量

粮食产后服务中心建设根据粮食生产的集中度、粮食产量和服务功能的辐射半径确定，且按照满足粮食产后服务需求、近民利民便民的原则合理布局。三类中心建设主体应至少有一个农民合作社或粮油加工企业。

1. 超级产粮大县。项目总数不超过 12 个，其中一类中心不超过 1 个，二类中心不超过 1 个，其余为三类中心；或二类中心不超过 4 个，其余为三类中心。

2. 产粮大县。项目总数不超过 10 个，其中一类中心不超过 1 个，二类中心不超过 1 个，其余为三类中心；或二类中心不超过 3 个，其余为三类中心。

3. 其他县。项目总数不超过 6 个，其中一类中心不超过 1 个，二类中心不超过 1 个，其余为三类中心；或二类中心不超过 2 个，其余为三类中心。

4. 中央、省直和市直企业的数量按全省年度计划执行。

（三）建设主体

粮食产后服务中心以粮食仓储企业、粮油加工企业和农民合作社为建设主体，原则上每个县具有 2 家以上建设主体，防止出现垄断。鼓励和支持粮食产后服务中心与农民合作社采取合作、托管、订单、相互参股或签订协议等多种方式，建立长期稳定的合作关系。

三、资金规模

按照"以企业、地方财政投入为主,中央财政适当补助"的原则,中央及省财政补助均不超过总投资的30%,市县财政及企业按照不低于总投资的40%的标准筹集建设资金。根据建设实际需要和项目投资标准,经测算,粮食产后服务中心三年总投资额为13.7亿元,其中:中央财政和省级财政补助资金均为4.1亿元,其余资金由企业或市县财政负责筹措。

目前,2017年度重点支持了370个粮食产后服务中心,总投资6.4亿元,其中:中央财政和省财政补助资金均为1.9亿元,市县财政及企业筹集2.6亿元。2018年度重点支持了273个粮食产后服务中心,总投资4.3亿元。其中:中央及省级财政补助资金均为1.3亿元,市县财政及企业筹集1.7亿元。2019年度计划支持373个粮食产后服务中心,预计总投资3亿元。其中:中央补助和省级财政补助资金均为0.9亿元,市县财政及企业筹集1.2亿元。

四、进度安排

为做好粮食产后服务中心建设,省财政厅将配合省粮食和物资储备局提前发布粮食产后服务体系建设项目申报指南,明确支持范围、方式、条件、数量等。省辖市粮食局、财政局按照申报指南要求,结合全省粮食产后服务体系建设年度计划(见表1),确定本年度建设县和市直企业,报省粮食和物资储备局、省财政厅,中央企业和省直企业直接报省粮食和物资储备局、省财政厅。纳入年度建设计划的企业可根据要求自愿申报。项目申报完成后,按照项目评审办法组织专家进行评审和项目公示。在收到中央补助资金后,在30日内将中央和省级财政补助资金一同拨付到各市县财政局及中央、省直粮食企业。列入年度建设计划的项目要确保在项目名单下达后6个月内完成项目建设任务。

表1　河南省粮食产后服务体系建设年度计划表

序号	省辖市	2017~2018年度		2018~2019年度		2019~2020年度	
		县(个)	市直企业(个)	县(个)	市直企业(个)	县(个)	市直企业(个)
1	郑州	2	1	1	1	3	0
2	开封	2	1	1	1	1	0
3	洛阳	2	1	3	1	4	0

续表1

序号	省辖市	2017～2018 年度		2018～2019 年度		2019～2020 年度	
		县（个）	市直企业（个）	县（个）	市直企业（个）	县（个）	市直企业（个）
4	平顶山	2	1	2	1	1	0
5	安阳	1	1	2	1	2	0
6	鹤壁	1	1	2	1	2	0
7	新乡	2	1	2	1	3	0
8	焦作	2	1	2	1	2	0
9	濮阳	2	1	2	1	3	0
10	许昌	1	1	2	1	2	0
11	漯河	1	1	1	1	1	0
12	三门峡	1	1	2	1	1	0
13	南阳	3	1	4	1	5	0
14	商丘	2	1	3	1	3	0
15	信阳	2	1	3	1	4	0
16	周口	2	1	3	1	4	0
17	驻马店	2	1	2	1	5	0
18	济源	1	0	0	0	0	0
19	省直管县（市）	10	0	0	0	0	0
	合计	41	17	37	17	47	0
中央和省直企业按需申报							

五、保障措施

（一）强化组织领导。为加强"优质粮食工程"组织领导，确保粮食产后服务体系建设顺利推进，成立了河南省"优质粮食工程"领导小组，建立了工作机制。为加强项目监管，将产后服务体系建设作为重要指标纳入粮食安全市县长责任制考核范围，层层压实责任，确保工作落实，取得实效。

（二）明确责任分工。省粮食和物资储备局、省财政厅负责政策制定、督促抽查政策落实及项目实施情况，协调解决工作实施中的重大共性或政策性问题；各省辖市、省直管县（市）粮食局、财政局负责建设规划、项目申报、材料核查、质量监管等；各省辖市、省直管县（市）财政局负责专项资金拨付、资金监管；县级政府作为组织实施的责任主体，组织财政、粮食行政管理部门开展需求摸底调查、编制项目建设方案，承担建设管理、项目验收、设施信息档案管理、总结上报等工作；各县（市、区）级粮食局在同级政府的领导下负责组织企业申报，对申报材料进行审核、督促建设进度，会同财政等有关部门对项目进行验收和绩效评价。

（三）加强资金监管。为加强"优质粮食工程"专项资金监管，省财政厅联合省粮食和物资储备局印发了《关于加强"优质粮食工程"专项资金监管的通知》，从规范资金使用、严格项目管理、明确职责分工、建立问责机制、加强统筹协调、强化考核督查等六个方面，对资金使用和项目管理提出了明确等要求。通过建立绩效追踪问责、全程监管制度，规范项目建设程序，完善责任落实机制，细化落实责任，提高项目的落地速度、实施进度和建设质量，做到干成事、不出事，发现问题，及时纠正。

（四）注重绩效管理。为提高"优质粮食工程"专项补助资金使用效益，根据《财政部　国家粮食和物资储备局关于开展"优质粮食工程"实施情况绩效评价的通知》有关精神，结合我省实际，省财政厅、省粮食和物资储备局联合印发《河南省"优质粮食工程"绩效评价工作实施方案》，按照客观公正、问题导向、系统全面的原则对粮食产后服务体系建设等项目决策、管理、产出、效果等方面进行评价。省财政厅、省粮食和物资储备局将根据各地区、各单位绩效自评结果安排调整下一年度项目申报名额和补助资金。

河南省粮食质量安全检验监测体系建设
三年实施（调整）方案

　　为着力解决粮食质量安全预警监测与检验把关能力不足、基层粮食质检机构严重缺失的问题，提升粮食质量安全监管水平，保障粮食质量安全，根据《财政部　国家粮食局关于在流通领域实施"优质粮食工程"的通知》（财建〔2017〕290号）和《国家粮食局　财政部关于印发"优质粮食工程"实施方案的通知》（国粮财〔2017〕180号）有关精神，结合我省实际，制定本实施方案。

一、建设目标

　　按照"机构成网络、监测全覆盖、监管无盲区"的工作方针，2017～2019年，我省重点支持91个粮食质检体系建设项目，分三年实施。其中：2017年建设项目34个，2018年建设项目32个，2019年建设项目25个。通过支持配置质量安全和分等定级的检验监测仪器设备等，建立与完善以省级粮食质量监测中心为核心、市级粮食质量监测中心为骨干、区域重点粮食质量监测中心为支撑，省、市、县三级联动的粮食质检体系。

二、建设内容

（一）年度实施计划

　　我省粮食质检体系计划建设项目91个，分3年实施。目前，2017年支持了34个质检中心项目建设，其中：新建31个县级质检中心项目、1个市级质检中心项目和1个第三方粮食质检机构，扶持建设涉粮大学质检中心项目1个。2018年支持了32个质检中心项目建设，其中：新建16个县级质检中心项目和1个市级质检中心项目；提升3个县级质检中心项目和12个市级质检中心项目。2019年计划支持25个质检中心项目建设，其中：新建24个质检中心项目，提升1个质检中心项目。

（二）补助标准

结合各级粮食质检中心不同功能定位，制定了粮食质检体系建设项目设备采购参考目录，明确了中央财政和省级财政补助标准，其中：新建市级质检中心项目补助230万元、新建县级质检中心项目补助180万元、提升市级质检中心项目补助400万元、提升县级质检中心项目补助120万元。此外，结合工作实际，补助第三方质检机构1390万元，补助河南工业大学600万元。

（三）实施计划

1. 发布申报指南。结合中央文件精神和工作实际，省粮食和物资储备局、省财政厅联合制定发布粮食质检体系项目申报指南，统一规范各地项目编制格式、基本要求和主要内容。

2. 开展申报工作。符合条件的建设主体，向当地粮食、财政部门提出申请，编写申报材料。各省辖市、直管县（市）粮食、财政部门审定核实申报材料后，正式行文报送省粮食和物资储备局、省财政厅。

3. 组织专家评审。省粮食和物资储备局、省财政厅组织专家对各地上报的材料进行评审，公示无异议后，确定建设项目。

4. 拨付专项资金。在收到中央补助资金后，力争在30日内，将中央补助和省级补助资金拨付到相关省辖市、直管县财政局。

5. 实施建设项目。各省辖市、直管县（市）粮食局、财政局负责辖区内项目建设进度、质量、资金使用、配套资金落实等工作。省粮食和物资储备局、省财政厅根据工作进展情况，不定期对项目实施情况进行现场监督检查。

三、资金规模

坚持中央、省级财政适当补助，中央与地方共建共享的原则，共同推进粮食质检体系建设。中央及省财政补助资金全部用于粮食仪器设备配备，地方筹措资金主要用于基础设施的建设、改造和粮食仪器设备配备。中央及省财政补助均不超过总投资的30%，市县财政及企业按照不低于总投资的40%的标准筹集建设资金。根据建设实际需要和项目投资标准，经测算，粮食质检体系建设三年总投资额为3.58亿元，其中：中央财政和省级财政补助资金均为1.04亿元，其余资金由企业或市县财政负责筹措。

目前，2017年度，粮食质检体系建设总投资1.4亿元，其中：中央财政和省级财政补助资金均为0.39亿元。2018年度，粮食质检体系建设总投资 1.38 亿元，其中：中央及省级财政补助资金均为 0.41 亿元。2019 年度，预计粮食质检体系建设总投资 0.8 亿元，其中：中央及省级财政补助资金均为 0.24 亿元。

四、保障措施

（一）强化组织领导。为加强"优质粮食工程"组织领导，确保粮食产后服务体系建设顺利推进，成立了河南省"优质粮食工程"领导小组，建立了工作机制。为加强项目监管，将粮食质量体系建设作为重要指标纳入粮食安全市县长责任制考核范围，层层压实责任，确保工作落实，取得实效。

（二）明确责任分工。省粮食和物资储备局、省财政厅负责政策制定、督促抽查政策落实及项目实施情况，协调解决工作实施中的重大共性或政策性问题；各省辖市、省直管县（市）粮食局、财政局负责建设规划、项目申报、材料核查、质量监管等；各省辖市、省直管县（市）财政局负责专项资金拨付、资金监管；县级政府作为组织实施的责任主体，组织财政、粮食行政管理部门开展需求摸底调查、编制项目建设方案，承担建设管理、项目验收、设施信息档案管理、总结上报等工作；各县（市、区）级粮食局在同级政府的领导下负责组织申报，并会同财政等有关部门对项目进行验收和绩效评价。

（三）加强资金监管。为加强"优质粮食工程"专项资金监管，省财政厅联合省粮食和物资储备局印发了《关于加强"优质粮食工程"专项资金监管的通知》，从规范资金使用、严格项目管理、明确职责分工、建立问责机制、加强统筹协调、强化考核督查等六个方面，对资金使用和项目管理提出了明确等要求。通过建立绩效追踪问责、全程监管制度，规范项目建设程序，完善责任落实机制，细化落实责任，提高项目的落地速度、实施进度和建设质量。

（四）注重绩效管理。为提高"优质粮食工程"专项补助资金使用效益，根据《财政部　国家粮食和物资储备局关于开展"优质粮食工程"实施情况绩效评价的通知》有关精神，结合我省实际，省财政厅、省粮食和物资储备局联合印发《河南省"优质粮食工程"绩效评价工作实施方案》，按照客观公正、问题导向、系统全面的原则对粮食质检体系建设等项目决策、管理、产出、效果等方面进行评价。省财政厅、省粮食和物资储备局将根据各地区、各单位绩效自评结果安排调整下一年度项目申报名额和补助资金。

河南省"中国好粮油"行动计划
三年实施（调整）方案

按照《财政部 国家粮食局关于在流通领域实施"优质粮食工程"的通知》（财建〔2017〕290号）和《国家粮食局 财政部关于印发"优质粮食工程"实施方案的通知》（国粮财〔2017〕180号）有关精神，结合我省粮食流通产业发展实际，特制定本方案。

一、主要目标

实施"中国好粮油"行动计划，通过标准引领、质量测评、品牌培育、宣传推广和试点示范，促进全省粮油产业发展，提高绿色优质粮油产品的供给水平，满足城乡居民消费升级需要，实现粮油供给从"吃得饱"到"吃得好"的转变。

（一）总体目标

突出我省优质小麦专用粉、米制品、馒头系列、面条系列、速冻产品和方便食品系列等主食产业化产品，以及花生油、芝麻油等食用植物油产品特色，扶持一批大型、龙头、优质粮油加工企业，开发生产一批"好粮油"产品，培育一批绿色优质粮油品牌，形成粮油产品健康消费良好氛围，促进粮食优质品率显著提升，力争到2020年全省产粮大县粮食优质品率提高30%以上，优质粮油绝对增加量达到230万吨，农民优质粮油种植收益提高20%以上，农民优质粮油种植收入增加值达到32.6亿元。

（二）年度目标

1. 2017年度目标。形成优质粮油品质测评2017~2018年度报告；做好优质粮油产业发展统计调查；遴选"放心粮油（主食）"产品100个、"河南好粮油（主食）"产品40个，推荐河南粮油产品入选"中国好粮油"产品20个；建设规模0.5万吨的低温成品粮"公共库"1个；河南特色优质粮油产品在全省颇具影响，消费理念逐步向健康营养转变；全省产粮大县粮食优质品率提高10%以上，优质粮油绝对增加量达到70万吨。

河南省优质粮质粮油增加量任务分解表

（单位：万吨）

市（县）	小麦			稻谷			花生			合计
	2017 年度	2018 年度	2019 年度	2017 年度	2018 年度	2019 年度	2017 年度	2018 年度	2019 年度	
郑州市	0.63	0.73	0.73	0.00	0.00	0.00	0.78	0.90	0.90	4.66
开封市	1.44	1.64	1.64	0.04	0.05	0.05	2.73	3.12	3.12	13.84
洛阳市	0.89	1.01	1.01	0.01	0.01	0.01	0.51	0.59	0.59	4.64
平顶山市	0.86	0.98	0.98	0.01	0.01	0.01	0.56	0.64	0.64	4.67
安阳市	1.60	1.83	1.83	0.00	0.00	0.00	1.51	1.73	1.73	10.23
鹤壁市	0.50	0.57	0.57	0.00	0.00	0.00	0.17	0.19	0.19	2.17
新乡市	1.93	2.21	2.21	0.13	0.15	0.15	1.95	2.23	2.23	13.19
焦作市	0.87	1.00	1.00	0.04	0.04	0.04	0.72	0.82	0.82	5.35
濮阳市	1.20	1.37	1.37	0.22	0.25	0.25	0.83	0.95	0.95	7.39
许昌市	1.22	1.40	1.40	0.00	0.00	0.00	0.23	0.26	0.26	4.77
漯河市	0.80	0.92	0.92	0.00	0.00	0.00	0.13	0.15	0.15	3.08
三门峡市	0.26	0.29	0.29	0.00	0.00	0.00	0.07	0.09	0.09	1.09
南阳市	2.99	3.42	3.42	0.25	0.28	0.28	7.06	8.07	8.07	33.84
商丘市	3.30	3.77	3.77	0.00	0.00	0.00	1.86	2.13	2.13	16.96
信阳市	1.16	1.33	1.33	3.58	4.09	4.09	1.77	2.02	2.02	21.38

续表

市（县）	小麦			稻谷			花生			合计
	2017年度	2018年度	2019年度	2017年度	2018年度	2019年度	2017年度	2018年度	2019年度	
周口市	3.94	4.50	4.50	0.00	0.00	0.00	2.23	2.55	2.55	20.28
驻马店市	3.63	4.15	4.15	0.16	0.19	0.19	6.68	7.64	7.64	34.44
济源市	0.09	0.10	0.10	0.00	0.00	0.00	0.01	0.01	0.01	0.34
巩义市	0.07	0.07	0.07	0.00	0.00	0.00	0.01	0.02	0.02	0.26
兰考县	0.26	0.30	0.30	0.00	0.00	0.00	0.43	0.49	0.49	2.28
汝州市	0.19	0.22	0.22	0.00	0.00	0.00	0.16	0.18	0.18	1.14
滑县	0.69	0.79	0.79	0.00	0.00	0.00	0.77	0.87	0.87	4.80
长垣县	0.31	0.36	0.36	0.02	0.02	0.02	0.25	0.29	0.29	1.92
邓州市	0.61	0.70	0.70	0.00	0.00	0.00	1.51	1.73	1.73	6.98
永城市	0.62	0.71	0.71	0.00	0.00	0.00	0.01	0.01	0.01	2.06
固始县	0.14	0.17	0.17	0.87	0.99	0.99	0.27	0.31	0.31	4.22
鹿邑县	0.41	0.47	0.47	0.00	0.00	0.00	0.04	0.04	0.04	1.48
新蔡县	0.42	0.48	0.48	0.02	0.02	0.02	0.33	0.38	0.38	2.53
合计	31.04	35.48	35.48	5.36	6.12	6.12	33.60	38.40	38.40	230.00

2. 2018 年度目标。形成优质粮油品质测评 2018 ~ 2019 年度报告；做好优质粮油产业发展统计调查；遴选"放心粮油（主食）"产品 60 个、"河南好粮油（主食）"产品 30 个，推荐河南粮油产品入选"中国好粮油"产品 10 个；河南特色优质粮油产品在全国形成影响，消费理念逐步向绿色优质转变；全省产粮大县粮食优质品率提高 10% 以上，优质粮油绝对增加量达到 80 万吨。

3. 2019 年度目标。形成优质粮油品质测评 2019 ~ 2020 年度报告；做好优质粮油产业发展统计调查；遴选"放心粮油（主食）"产品 40 个、"河南好粮油（主食）"产品 20 个，推荐河南粮油产品入选"中国好粮油"产品 10 个；建设规模 0.5 万吨的低温成品粮"公共库" 1 个；河南特色优质粮油产品在全国家喻户晓，绿色优质的消费理念全面形成；全省产粮大县粮食优质品率提高 10% 以上，优质粮油绝对增加量达到 80 万吨。

二、主要任务

（一）遴选"好粮油"产品及加工企业。结合全省实际，制定"河南放心粮油（主食）"和"河南好粮油（主食）"产品及加工企业遴选条件，组织开展"河南放心粮油（主食）"产品、"河南省放心粮油（主食）加工企业"遴选工作。在河南"放心粮油（主食）"产品及品牌中，遴选"河南好粮油（主食）"产品，并认定"河南省好粮油（主食）加工企业"。"河南放心粮油（主食）"和"河南好粮油（主食）"加工企业允许使用"河南好粮油""河南放心粮油"产品标识。

（二）开展"好粮油"品牌及膳食营养宣传。充分利用广播、电视、报纸和其他新媒体等，以打造"河南好面""河南好油"品牌为目的，组织、策划全省好粮油系列宣传活动，宣传推广全省粮油知名品牌；适时组织开展"河南好粮油中国行"活动，引导舆论宣传，提高河南粮油品牌竞争力；制作播放宣传片，发放主题宣传册、宣传品，开展主题讲座，营造良好的舆论氛围，引导健康的消费观念。

（三）建立健全好粮油销售体系。在大中城市建立一批具有公益属性、满足优质粮油产品保鲜储存要求、便于优质粮油产品配送的低温成品粮"公共库"，为优质粮油产品销售提供有偿的公共服务。建立河南省优质粮油线上交易终端，与国家级"中国好粮油"线上平台对接。鼓励优质粮油企业与电商企业合作、自建电商平台等，开展线上交易。支持企业建立连锁超市、设立优质粮油产品专柜、在社区设置自助销售设备、建设优质粮油销售店等，拓展优质粮油产品线下销售渠道。

（四）大力推进优质粮油产业化。采取财政贴息、补助、奖励等方式，支持"河南好粮油（主食）""河南放心粮油（主食）"加工企业拉长产业链条，建立优质原粮生产基地，开展优质原粮订单收购，完善优质粮油产品线上线下销售体系，加大科研投入，加强品牌宣传，做大做强优质粮油产业。

（五）开展优质粮油测评和统计。根据国家粮食和物资储备局要求和我省粮食行业实际，定期对全省小麦、稻谷、玉米、花生等主要粮食作物和生产销售的主要粮油产品开展测评和价格统计，形成优质粮食品质测评报告。

（六）实施"中国好粮油"示范工程。推进"中国好粮油"行动计划示范县建设。择优选定具有优质粮油特别是优质小麦和优质花生生产潜力、较强加工实力的县（市），作为"中国好粮油"行动计划示范县（市）。支持示范县开展优质粮油调查统计、品质测评，优质粮油宣传、销售渠道及公共品牌创建，优质粮油检验、质量控制体系建设、产后科技服务公共平台建设等。示范县（市）人民政府结合本地实际，通过竞争性遴选的方式，从河南省好粮油（主食）加工企业或河南省放心粮油（主食）加工企业中确定1~2家示范企业，与示范企业签订建设合同。通过发挥示范企业典型带动作用，辐射带动周边区域优质粮油产业发展，确保实现本地区农民优质粮油种植收益提高20%以上、粮油优质品率提升30%以上等建设目标。

推进"中国好粮油"行动计划省级示范企业建设。择优选定具有核心竞争力和行业带动力的河南省好粮油（主食）加工企业，作为"中国好粮油"行动计划省级示范企业。支持示范企业建设优质原粮基地、开展优质粮油专收专储专用、研发优质粮油产品、培育优质粮油品牌、实施技术改造、扩大生产规模、建设优质粮油便民店（超市）等，发挥示范企业典型带动作用，推动一二三产业融合，逐步形成"农业＋产业"模式，促进种粮农民增收，辐射带动关联粮食企业发展。

三、资金规模

按照"以企业、地方财政投入为主，中央财政适当补助"的原则，对"中国好粮油"省级示范企业，中央和省财政补助合计不超过项目总投资的20%，企业按照不低于总投资的80%的标准筹集建设资金；对"中国好粮油"省级示范县，采取因素法，中央和省财政予以适当补助。根据建设实际需要和项目投资标准，经测算，"中国好粮油"行动计划三年总投资额为

23.19亿元，其中：2017年度5.29亿元，2018年度8亿元，2019年度预计9.9亿元。

（一）2017年度预计实现投资5.29亿元，其中：中央财政补助0.64亿元，省级财政补助0.64亿元，地方财政及企业自筹4.01亿元。安排0.5亿元支持9个"中国好粮油"示范县建设，预计实现投资3.23亿元；安排0.2亿元支持2个"中国好粮油"省级示范企业建设，预计实现投资1.42亿元；安排0.08亿元支持1个低温成品粮"公共库"建设，实现投资0.14亿元；安排0.07亿元举办郑州·中国好粮油产销对接博览会；安排0.43亿元，对31个河南省好（放心）粮油（主食）加工企业予以贷款贴息或购置设备补助。

（二）2018年度预计投资8亿元，其中：中央及省级财政补助1.5亿元，地方财政及企业自筹6.5亿元。安排0.6亿元支持6个"中国好粮油"示范县建设，预计实现投资3亿元；计划安排0.9亿元支持9个"中国好粮油"省级示范企业建设，预计实现投资5亿元。

（三）2019年度计划投资9.9亿元，其中：中央财政补助4.4亿元，省级财政补助1亿元，地方财政及企业自筹4.5亿元。支持9个"中国好粮油"示范县建设，预计实现投资5亿元；支持6个"中国好粮油"省级示范企业建设，预计实现投资3.6亿元；支持低温成品粮"公共库"建设，预计实现投资0.25亿元；安排0.8亿元，对河南省好（放心）粮油（主食）加工企业予以贷款贴息或购置设备补助；安排0.15亿元用于宣传、测评、抽检、培训等方面支出。

四、实施计划

（一）发布申报指南。结合中央文件精神和工作实际，省粮食和物资储备局、省财政厅联合制定发布中国"好粮油"行动计划项目申报指南，统一规范各地项目编制格式、基本要求和主要内容。

（二）开展申报工作。符合条件的建设主体，向当地粮食、财政部门提出申请，编写申报材料。各省辖市、直管县（市）粮食、财政部门审定核实申报材料后，正式行文报送省粮食和物资储备局、省财政厅。

（三）组织专家评审。省粮食和物资储备局、财政厅组织专家对各地上报的材料进行评审，公示无异议后，确定建设项目。

（四）拨付补助资金。在收到中央补助资金后，在30日内将中央和省级财政补助资金一同拨付到相关市县财政局及中央、省直粮食企业。

（五）实施项目建设。各省辖市、直管县（市）负责辖区内项目建设进度、质量、资金使用、企业配套资金落实等工作。省粮食和物资储备局、省财政厅根据工作进展情况，不定期对项目实施情况进行现场监督检查。

五、保障措施

（一）强化组织领导。为加强"优质粮食工程"组织领导，确保粮食产后服务体系建设顺利推进，成立了河南省"优质粮食工程"领导小组，建立了工作机制。为加强项目监管，将粮食质量体系建设作为重要指标纳入粮食安全市县长责任制考核范围，层层压实责任，确保工作落实，取得实效。

（二）明确责任分工。省粮食和物资储备局、省财政厅负责政策制定、督促抽查政策落实及项目实施情况，研究解决工作中的重大共性或政策性问题；各省辖市、省直管县（市）粮食局、财政局负责建设规划、项目申报、材料核查、质量监管等；各省辖市、省直管县（市）财政局负责专项资金拨付、资金监管；各县（市、区）级粮食局在同级人民政府的领导下负责组织申报，对申报材料进行审核、督促建设进度，会同财政等有关部门对项目进行验收、绩效评价。各建设主体要认真编制申报材料，对材料真实性负责。

（三）加强资金监管。为加强"优质粮食工程"专项资金监管，省财政厅联合省粮食和物资储备局印发了《关于加强"优质粮食工程"专项资金监管的通知》，从规范资金使用、严格项目管理、明确职责分工、建立问责机制、加强统筹协调、强化考核督查等六个方面，对资金使用和项目管理提出了明确等要求。通过建立绩效追踪问责、全程监管制度，规范项目建设程序，完善责任落实机制，细化落实责任，提高项目的落地速度、实施进度和建设质量。

（四）注重绩效管理。为提高"优质粮食工程"专项补助资金使用效益，根据《财政部　国家粮食和物资储备局关于开展"优质粮食工程"实施情况绩效评价的通知》有关精神，结合我省实际，省财政厅、省粮食和物资储备局联合印发《河南省"优质粮食工程"绩效评价工作实施方案》，按照客观公正、问题导向、系统全面的原则对中国好粮油行动计划等项目决策、管理、产出、效果等方面进行评价。省财政厅、省粮食和物资储备局将根据各地区、各单位绩效自评结果安排调整下一年度项目申报名额和补助资金。

河南省优质粮食工程项目评审工作纪律

一、评审活动遵循公平、公正、科学、择优的原则，严格遵守国家的法律、法规和相关政策规定。

二、专家独立进行评审，任何单位、个人不得干预或者影响评审过程和结果。

三、专家不得参加与自己有利害关系的项目评审活动。对与自己有利害关系的评审项目，应主动提出回避。

四、专家应客观、公正地履行职责，遵守职业道德，对打分和评审意见承担个人责任。

五、专家在评审过程中不得擅离职守，影响评审程序正常进行，不得使用电话、手机与外界联系。

六、评审结论应由全体专家签字。对评审结论持有异议的专家可以书面方式阐述其不同意见和理由。专家拒绝在评审结论上签字且不陈述其不同意见和理由的，视为同意评审结论。

七、评审结束后，使用的文件、表格以及其他资料应当及时归还工作人员。

八、专家不得同任何与评审结果有利害关系的人或单位进行私下接触，不得收受项目申报单位、中介人、其他利害关系人的财物或者其他好处。专家不得对外透露与评审有关的情况。

九、本通知未尽之处，由省粮食和物资储备局负责解释。

产后服务篇

召开全省粮食流通基础设施
暨产后服务体系建设现场经验交流会

为认真贯彻国家粮食局产后服务体系建设座谈会精神，总结经验，表彰先进，结合实际安排部署 2017 年我省粮食流通与科技发展重点工作，省局决定 4 月 11 日在新蔡县召开全省粮食流通基础设施暨产后服务体系建设现场经验交流会。

一、会议内容

（一）传达贯彻国家粮食局粮食产后服务体系建设座谈会精神；

（二）研究部署 2017 年我省粮食产后服务体系建设等流通与科技发展重点工作；

（三）表彰全省粮食流通基础设施暨产后服务体系建设示范单位；

（四）总结交流粮食产后服务体系建设的基本模式与经验；

（五）督导督查"粮安工程"粮库智能化升级工作进度；

（六）安排部署行业安全生产和安全储粮工作；

（七）现场观摩新蔡县粮食流通基础设施暨产后服务体系建设示范企业。

二、参加人员

各省辖市粮食局主管局长、行发科（储运科）科长，所辖产粮大县（市）粮食局局长一名；各省直管县（市）粮食局局长及助手一名；中原粮食集团、河南省粮食交易物流市场有限公司、豫粮集团负责人及助手一名。

三、会议时间及地点

请参会人员于 4 月 10 日中午 12：00 前到新蔡县城飞龙国际大酒店（仁和大道与开源大道交叉口）报到，下午 14：30 统一乘车参观新蔡县粮食产后服务中心；11 日上午 8：00 在飞龙国际大酒店召开会议，会期一天。

四、相关要求

各省辖市、省直管县（市）粮食局，省直粮油企业要严格按照通知要求和参会人员范围参加会议（如超出参会人员范围要求的，自行承担费用）。5 个示范单位要认真准备经验交流材料，突出典型经验和创新措施，语言精炼，字数控制在 2000 字左右，于 4 月 1 日下午下班前报送至省局流通与科技发展处。

根据中央八项规定要求，本着厉行节约、节俭办会的原则，各省辖市、省直管县（市）粮食局，省直粮油企业限带一辆公务用车参加会议。各地各单位务必于 4 月 5 日中午 12：00 前将参会人员报名表报送至省局流通与科技发展处。

典型经验交流材料主要内容要求：

1. 新蔡县粮食局：以多渠道（财政支持、整合网点筹资、3P 模式）建仓、发展主食产业化和"互联网＋"来推动粮食产后服务体系建设；

2. 唐河县粮食局：以"扶贫建仓"模式推动粮食产后服务体系建设；

3. 邓州市粮食局：政府重视，加大财政支持力度，推动粮食产后服务体系建设；

4. 河南麦佳食品有限公司：以主食产业化、粮食银行、电子商务和"互联网＋"为模式的粮食产后服务中心；

5. 遂平县一加一天然面粉有限公司：以加工企业发展订单农业、连锁经营和粮食银行为模式的产后服务中心。

召开全省粮食产后服务体系建设
暨"中国好粮油"行动计划培训会

省局定于 10 月 23 日~24 日在郑州召开全省粮食产后服务体系建设暨"中国好粮油"行动计划培训会。

一、会议内容

（一）培训讨论《河南省粮食产后服务体系建设实施方案》。

（二）培训讨论《河南省中国好粮油行动计划实施方案》。

（三）讨论全省粮食产后服务体系建设、"中国好粮油"行动计划实施工作及近期粮食流通发展其他重点工作。

（四）听取各地智能化升级工作进度、存在问题及下步打算；产后服务体系建设、"中国好粮油"行动计划前期准备工作及资金预落实情况。

（五）征求《河南省粮食产后服务体系建设申报指南》《河南省中国好粮油行动计划申报指南》意见建议。

二、参会人员

各省辖市粮食局分管局长、流通与科技发展科（储运科、行发科）科长；省直管县（市）粮食局局长及助手一人；6 个"中国好粮油"行动计划示范县粮食局长及助手一人；省直有关粮油集团（公司）分管副总及相关项目子公司主要负责人。

三、会议时间及地点

10 月 23 日（星期一）中午 12：00 前至金质大酒店报到，下午 3：00 在省局办公楼 3 楼物流市场交易大厅开会，会期一天。10 月 24 日下午返程。

食宿地点：金质大酒店（郑州市金水区花园路 21 号）。

四、相关要求

（一）请各省辖市、省直管县（市）粮食局，"中国好粮油"行动计划示范县，省直粮油企业严格按照通知要求的人员参会。并务必于 10 月 20 日中午 12：00 前，将参会人员回执报省局流通与科技发展处。

（二）会后将发放河南省"粮安工程"仓储智能化升级管理实务读本《粮智》，请各地各单位提前做好相关安排。

河南省粮食产后服务中心建设
项目申报指南

为切实做好粮食产后服务中心建设项目申报工作，根据《国家粮食局 财政部关于印发"优质粮食工程"实施方案的通知》（国粮财〔2017〕180号）和《河南省粮食局 河南省财政厅关于印发"优质粮食工程"实施方案的通知》（豫粮〔2017〕7号）规定和要求，特制定本申报指南。

一、基本原则

根据《河南省粮食产后服务体系建设实施方案》总体安排，结合本辖区粮食生产、清理、烘干、收储、加工、市场供应需要，制定各县（市、区）粮食产后服务体系建设实施方案，坚持量力而行、突出重点、高效服务原则，组织实施粮食产后服务体系建设工作。

各县（市、区）要统筹考虑辖区内粮食生产能力、收储、物流、城镇规划及国有粮食企业改革等实际情况，按照能力适当、交通便利、合理布局的原则进行粮食产后服务中心建设，切实解决农民存粮、售粮过程中的问题。

为确保按期完成粮食产后服务体系建设工作，要按照各县（市、区）财政及企业自筹资金能力，合理确定各年度建设计划。要优先支持2014年以来"粮安工程"危仓老库维修改造和粮库智能化升级项目管理规范、进度快、配套资金落实到位、绩效显著的县（市、区）和单位。

二、建设内容

1. 一类中心。对老旧仓房原址改造（包括建设仓房周围道路地坪等基础设施，配置相应的环流熏蒸、智能通风及多功能粮情检测系统等）；改造营业面积不低于100平方米的放心粮油便民店（超市）；建设专用烘干设施；选择配置清理、输送设备；配备快速检化验或常规检化验设备；配备可与全国粮食交易中心平台连接的网上交易终端等。

2. 二类中心。对老旧仓房原址改造（包括建设仓周围道路地坪等基础设施，配置相应的环流熏蒸、智能通风及多功能粮情检测系统等）或建设相应规模的专用烘干设施；改造营业面积不低于 60 平方米的放心粮油便民店（超市）；配置清理、输送设备；配备快速检化验或常规检化验设备；配备可与全国粮食交易中心平台连接的网上交易终端等。

3. 三类中心。建设烘干设施；配置清理、输送设备；配备快速检化验或常规检化验设备；配备可与全国粮食交易中心平台连接的网上交易终端；粮食银行、放心粮油配送中心、放心粮油便民店建设等。

以上三种类型粮食产后服务中心可在规定范围内，根据实际需要选择相应的建设内容进行建设。

三、申报条件

粮食产后服务中心以国有或国有控股粮食仓储企业、粮油加工企业和农民合作社为建设主体，确保一个县有 2 家以上的建设主体。鼓励和支持产后服务中心与农民合作社采取合作、托管、订单、相互参股或签订协议等多种方式，建立长期稳定的合作关系。

1. 在河南省境内注册，具有独立法人资格，产权明晰，经营情况良好，企业需提供营业执照、组织机构代码证、上年度财务审计报告。

2. 两年内无重大安全储粮事故、致人死亡的安全生产事故，粮油加工企业无产品质量安全事故。

3. 财务状况良好，无违法违规处理记录。

4. 自筹资金来源有保障，筹资方案切实可行。

5. 地方国有或国有控股粮食企业 3 年内无搬迁计划。建设一类中心的，产粮大县要求项目库点占地不低于 40 亩，项目完成后总仓容不低于 5 万吨；其他县要求项目库点占地不低于 30 亩，项目完成后总仓容不低于 4 万吨。建设二类中心的，产粮大县要求项目库点占地不低于 30 亩，项目完成后总仓容不低于 3 万吨；其他县要求项目库点占地不低于 20 亩，项目完成后总仓容不低于 2 万吨。建设三类中心的，要求项目库点仓容不低于 5000 吨。

6. 粮油加工企业年加工能力应不低于 5 万吨，在当地具有一定数量的粮油订单面积，且订单履约率达到 30%。

7. 农民合作社入社成员 100 户以上，现有仓容应不低于 5000 吨（可通过租赁、合作等方式获得），土地流转规模 1000 亩以上，粮食产量 500 吨以上。制度健全、管理规范、带动能力强，聘请专业的管理人员，具有一定的管理能力。独立建设粮食产后服务中心的农民合作社应具有建设用地，并具备筹资能力。

8. 具备开工条件的退城进郊库点可按一类中心申报。

四、申报数量

省辖市粮食局、财政局根据年度建设计划表分配数量确定粮食产后服务体系建设县。各县粮食产后服务中心建设根据粮食生产的集中度、粮食产量和服务功能的辐射半径确定，且按照满足产后服务需求、近民利民便民的原则合理布局。三类中心建设主体应至少有一个农民合作社或粮油加工企业。

河南省粮食产后服务体系建设年度计划表

序号	省辖市	2017~2018 年度		序号	省辖市	2017~2018 年度	
		县（个）	市直企业（个）			县（个）	市直企业（个）
1	郑州	2	1	11	漯河	1	1
2	开封	2	1	12	三门峡	1	1
3	洛阳	2	1	13	南阳	3	1
4	平顶山	2	1	14	商丘	2	1
5	安阳	1	1	15	信阳	2	1
6	鹤壁	1	1	16	周口	2	1
7	新乡	2	1	17	驻马店	2	1
8	焦作	2	1	18	济源	1	
9	濮阳	2	1	19	省直管县（市）	10	
10	许昌	1	1	19	合计	41	17

1. 超级产粮大县。项目总数不超过 12 个，可按照"一类中心不超过 1 个，二类中心不超过 2 个，其余为三类中心"的项目布局建设；或按照"二类中心不超过 4 个，其余为三类中心"的项目布局建设。

2. 产粮大县。项目总数不超过 10 个，可按照"一类中心不超过 1 个，二类中心不超过 1 个，其余为三类中心"的项目布局建设；或按照"二类中心不超过 3 个，其余为三类中心"的项目布局建设。

3. 其他县。项目总数不超过 4 个，可按照"一类中心不超过 1 个，二类中心不超过 1 个，其余为三类中心"的项目布局建设；或按照"二类中心不超过 2 个，其余为三类中心"的项目布局建设。

五、投资限额及补助比例

粮食产后服务中心单个一类中心项目总投资不超过 600 万元，单个二类中心项目总投资不超过 300 万元，单个三类中心项目总投资不超过 60 万元。中央及省财政补助总投资的 60%，其余资金由市、县或企业筹集。

六、申报程序和申报材料

（一）申报程序

1. 企业申报。被确定为 2017～2018 年度实施粮食产后服务中心建设县（市、区）的建设主体，按照申报条件，自愿向同级粮食、财政部门提出申请，编写申报材料。中央企业和省直粮油企业集团公司直接向省粮食局、省财政厅提出申请。

2. 县级初审。各县（市、区）粮食局、财政局对建设主体上报的建设内容和资金筹措情况进行审核，逐户逐项实地核查。县级人民政府结合本地区实际和企业申报情况，按照申报数量要求确定推荐建设主体，编制全县建设方案。各县（市、区）粮食局、财政局联合行文将本县建设方案和申报材料报上级粮食、财政部门复核。

3. 市级复核。省辖市粮食、财政部门审定核实材料后汇总，于 2017 年 12 月 12 日前，联合行文将各县建设方案和建设主体申请材料（含 PDF 扫描版）分别报送省财政厅和省粮食局（一式 2 份）。

（二）申报材料

1. 省辖市粮食局、财政局联合推荐文件；

2. 资金申请文件（县（市、区）粮食局、财政局联合行文）；

3. 各县（市、区）建设方案（政府行文）；

4. 粮食产后服务中心建设项目汇总表；

5. 自筹资金承诺函；

6.《粮食产后服务中心建设项目申报材料》（含 PDF 扫描版）。

（三）申报材料编制要求

1. 总投资额大于 150 万元的，应委托具备商物粮乙级及以上资质的工程咨询、设计机构编制资金申请报告，有能力的可自行编制资金申请报告。

2. 总投资额小于等于 150 万元的，可自行编制资金申请报告。

3. 申报材料应按照格式胶装成册，并加盖骑缝章。

省粮食局和省财政厅组织专家对各地上报的粮食产后服务中心建设项目及实施方案进行评审，公示无异议后，确定建设项目，拨付专项资金。

七、工作要求

抓好粮食产后服务体系建设工作是保障国家粮食安全的重要举措，各省辖市、县（市、区）财政和粮食部门要在政府的统一领导下，加强沟通协调，分工负责，扎扎实实做好各环节的工作。为确保粮食产后服务体系建设工作顺利进行，要按时报送相关资料，不按时报送的视同自动放弃。

附件：1. 粮食产后服务中心建设项目申请表
     2. 粮食产后服务中心建设项目申报材料编制格式
     3. 河南省粮食产后服务中心建设项目承诺书
     4. _____市（县、区）粮食产后服务中心建设项目汇总表

附件 1

粮食产后服务中心建设项目申请表

企业名称			企业性质	
通信地址			邮编	
联系人			联系电话	
现有仓容（吨）			仓库数量（栋）	
仓房状况	1980 年以前的仓房×万吨，1980 年至 1990 年之间的仓房×万吨，1990 年至 2000 年之间的仓房×万吨，2000 年以后的仓房×万吨。			
现有清理、烘干、检测设施情况				
库区占地面积		（亩）	粮油加工能力/年	（吨）
土地流转面积		（亩）	农民合作社入社户数	
近三年政策性粮油收储数量		（吨）	近三年粮食产后服务数量	（吨）
2014 年以来是否有粮安工程维修改造、智能化升级项目及项目完成情况（简要概括）				
本地区（企业服务能力所能辐射的）粮食产量及企业现有产后服务情况（简要概括）				

续表

粮食产后服务体系建设情况简介	项目类型	从第一、二、三类服务中心中任选一类
	建设内容	
	资金预算及来源	

项目实现目标及效果	

企业申报资料真实性和自筹资金承诺	法人代表签字： （企业公章）

县级审核意见	县粮食局意见（签章）	县财政局意见（签章）
	2017 年 月 日	2017 年 月 日

市级审核意见	市粮食局意见（签章）	市财政局意见（签章）
	2017 年 月 日	2017 年 月 日

附件 2

粮食产后服务中心建设项目申报材料
编制格式

第一部分　申请表

粮食产后服务中心建设项目申请表

第二部分　基本情况

一、企业基本情况

二、营业执照、组织机构代码证、自有土地证明（农民合作社可提供仓房租赁协议）

三、上年度财务审计报告

四、近三年粮食产购储加销情况

五、近三年粮食产后服务推进情况

第三部分　建设规划

一、目标及原则

二、总体布局

三、建设内容

四、实施计划

五、投资测算及来源

第四部分　保障措施

一、组织领导机制

二、责任分解落实

三、资金管理制度

四、项目监管制度

五、绩效评价体系

第五部分　证明材料

一、河南省粮食产后服务中心建设项目承诺书
二、资金承诺书
三、现场核查报告
四、两年内无违法违规记录证明
五、两年内未发生重大安全储粮事故和人员死亡安全生产事故证明

备注：项目承诺书由建设单位出具；现场核查报告、无违法违规记录证明和无安全事故证明由当地粮食部门出具。

附件 3

河南省粮食产后服务中心建设项目承诺书

为充分体现公开、公平、公正和诚实守信原则,本单位在参与河南省粮食产后服务中心建设项目申报过程中特作以下承诺,保证无任何违规、违纪行为,接受社会各界监督。若有违反,甘愿承担相关法律责任。

1. 不提供虚假材料、虚假项目。

2. 不以行贿等任何不正当手段,向任何单位或个人谋取不正当照顾。

3. 不以提供不正当利益等方式谋求评审专家照顾。

4. 项目获得批准后,严格按照政策规定,足额筹措配套资金,保质保量按时完成项目建设任务。

5. 主动接受并配合省、市、县财政和粮食部门及有关监督部门的监督检查。

承诺单位(盖章):

法人代表(盖章/签字):

联系电话:

2017 年　月　日

附件4

市（县、区）粮食产后服务中心建设项目汇总表

单位：粮食局（盖章）　财政局（盖章）

序号	地市	县（市、区）	项目单位名称	项目地址	主体类型	主体性质	所建库区占地面积（亩）	该库区总仓容（万吨）	该库区仓房数（栋）
合计									

续表

建设内容					项目总投资（万元）	其中:申请中央及省级财政补助（万元）	其中:企业自筹或地方财政配套（万元）	建设类别
一、烘干机 数量（台）	二、清理、输送、除尘类 数量（台）	三、检验类（台）	四、信息、销售类	五、原址改造（万吨）				

注:1. 项目地址需包括项目所在地市及县（市、区）名称。
2. 主体类型指国有粮食企业、加工企业、农民合作社或以上联合。
3. 主体性质指国有和民营。
4. 建设类别填一类、二类、三类服务中心。

填报人：　　　　　　　　　　填报时间：

河南省粮食产后服务体系建设
项目评审办法

　　为切实做好全省粮食产后服务体系建设项目评审工作，根据《河南省粮食局　河南省财政厅关于印发"优质粮食工程"实施方案的通知》（豫粮〔2017〕7号）和《河南省粮食局　河南省财政厅关于印发河南省粮食产后服务中心建设项目申报指南的通知》（豫粮文〔2017〕200号）精神，特制定本办法。

一、评审原则

　　（一）坚持专家评定项目原则。粮食产后服务体系建设项目评审工作，坚持公正、公平、择优扶持原则，通过企业申报、县（市、区）初审、省辖市（直管县）复审、省粮食局、省财政厅组织专家评审程序，确定支持项目。

　　（二）评审专家抽取原则。从"河南省财政厅专家库"及省直科研院校中抽取财务专家1名、粮食流通设施建设专家3名、粮食储藏专家2名、粮食质量检测专家1名。评审小组设组长1名，由全体评审专家选举产生。

二、评审程序

　　（一）企业申报。省粮食局和省财政厅根据《河南省"优质粮食工程"实施方案》制定粮食产后服务中心建设项目申报条件，企业对照条件自愿申报。

　　（二）材料初审。各县（市、区）粮食局、财政局根据《河南省粮食产后服务中心建设项目申报指南》规定和要求对辖区内申报的项目进行初审；将通过初审的项目上报省辖市粮食局、财政局。

　　（三）材料复审。省辖市粮食局、财政局对县（市、区）粮食局、财政局报送的项目材料进行复审，不符合要求的项目予以淘汰。

　　（四）省组织专家评审。省粮食局、省财政厅按照专家抽取原则抽取专家，召开专家评审会，对通过复审的项目由专家按照百分制进行审核评估。根据评审情况，评审小组提出拟支持的项目单位名单，并提出每个产后服务中心项目建设类型的建议，评审结论由全体专家签字。

（五）评审结果公示。省粮食局对拟支持的项目单位名单进行公示，公示无异议后确定拟支持项目。

三、评分标准

（一）企业基本情况 10 分。按照综合情况、仓容或加工能力、土地流转、土地证、规划证等基本情况计分。

（二）粮食产后服务现状 10 分。根据仓储企业粮食收储情况、为粮农服务情况和加工企业收购加工情况计分。

（三）资金筹措情况 10 分。视申报材料是否提供资金承诺书计分。

（四）服务辐射范围内粮食生产情况 10 分。按照项目所在乡镇或服务辐射范围内粮食产量计分。

（五）方案可行性 30 分。按照建设方案可行性分析、工程量估算等情况计分。

（六）资金预算情况 10 分。按照项目建设资金预算情况计分。

（七）工作重视程度 10 分。根据项目所在市、县政府和项目单位对粮食产后服务中心建设工作重视情况计分。

（八）材料情况 10 分。根据是否按时报送申请材料，材料是否真实、完整、规范等情况计分。

四、评审纪律

项目评审实行回避制度，专家对与自己有利害关系的项目应主动提出回避，不得同任何与评审结果有利害关系的人或单位进行私下接触，不得收受项目申报单位、中介人、其他利害关系人的财物或者其他好处，不得对外透露与评审有关的情况。任何单位和个人不得干扰专家评审工作。

附件：1. 粮食产后服务中心建设项目评分标准
　　　2. 粮食产后服务中心建设项目评审表

附件 1

粮食产后服务中心建设项目评分标准

指标	分值	评分标准
企业基本情况	10分	土地、规划、粮食收购等证照齐全得 3 分;现有仓容达到 1 万吨得 2 分(不足 1 万吨不得分),每增加 1 万吨加 1 分,加满 7 分为止;年加工能力达到 5 万吨得 5 分(不足 5 万吨不得分),每增加 1 万吨加 1 分,加满 7 分为止;土地流转面积达到 1000 亩得 5 分(不足 1000 亩不得分),每增加 500 亩加 1 分,加满 7 分为止。
粮食产后服务现状	10分	视仓储企业收储数量、仓房利用率和加工企业收购数量、开工率计 1~10 分,年均周转粮食达到 1 万吨、仓房利用率 50% 得 5 分,仓储企业粮食收储数量每提高 1 万吨或仓房利用率每增加 10% 加 1 分,加满 10 分为止。
资金筹措情况	10分	有资金承诺书得 5 分,资金自筹比例符合要求 5 分,否则不得分。
服务辐射范围内粮食生产情况	10分	粮食产量达到 3 万吨得 1 分(不足 3 万吨不得分),每增加 1 万吨加 1 分,加满 10 分为止。
方案可行性	30分	视工程量估算与实际相符合程度计 1~10 分;视建设方案可行性计 1~20 分。
资金预算情况	10分	资金预算应详细;工程造价是否符合实际,以全省申报项目投资平均数为标准,资金估算与全省平均数差 10% 以内的计 10 分,差 10~20% 的计 7~9 分,差 20~30% 的 5~6 分,差 30~40% 的 3~4 分,差 40~50% 的 1~2 分
工作重视程度	10分	根据项目所在县(市、区)政府、相关部门及项目单位对粮食产后服务中心建设工作重视程度,政府牵头协调粮食产后服务体系建设工作,成立协调小组,保障措施是否详细等计 1~10 分
材料情况	10分	根据是否按时报送申请材料,材料是否真实、完整、规范等情况计分,按时报送材料 2 分,材料真实 5 分,材料完整 2 分,装订规范 1 分

附件 2

粮食产后服务中心建设项目评审表

被评单位名称：

指标	分值	得分	专家签名	评审意见及建议
企业基本情况	10 分			
粮食产后服务现况	10 分			
资金筹措情况	10 分			
服务辐射范围内粮食生产情况	10 分			
方案可行性	30 分			
资金预算情况	10 分			
工作重视程度	10 分			
材料报送情况	10 分			
合计	100 分			

评审组是否支持该项目：　　　　　　　　　　　申请建设产后服务中心类型：

评审组建议建设产后服务中心类型：　　　　　　评审组长签字：

下达 2017～2018 年度
河南省粮食产后服务体系建设项目名单

　　根据《河南省粮食局　河南省财政厅关于印发"优质粮食工程"实施方案的通知》（豫粮〔2017〕7 号）、《河南省粮食局　河南省财政厅关于印发河南省粮食产后服务中心建设项目申报指南的通知》（豫粮文〔2017〕200 号）精神，全省各级粮食、财政部门协同配合，开展了 2017～2018 年度粮食产后服务中心建设项目的申报、审核、把关、推荐工作，省粮食局和省财政厅在此基础上按照《河南省粮食局　河南省财政厅关于印发河南省粮食产后服务体系建设项目评审办法的通知》（豫粮文〔2017〕221 号）要求和规范程序，抽取并组织专家进行了项目评审。通过专家评审的项目名单，已于 2017 年 12 月 18 日至 22 日在省粮食局公共资源网上对全社会进行了公示，没有收到任何异议。依据专家评审及公示结果，经省粮食局、省财政厅研究决定，2017 年度支持项目 370 个。现将项目名单印发给你们，请按照国家和省粮食、财政部门有关要求，抓紧启动粮食产后服务体系建设工作，确保各项建设任务按期完成。

　　附件：2017～2018 年度河南省粮食产后服务体系建设项目名单

附件

2017～2018 年度河南省粮食产后
服务体系建设项目名单

序号	企业名称	建设类别
	郑州市	
	市直	
1	河南郑州中原国家粮食储备库	一类
	新密	
2	新密市粮食局白寨粮食管理所	二类
3	新密市粮食局白寨粮食管理所	三类
	开封市	
	市直	
4	开封粮食产业集团有限公司	一类
	祥符区	
5	开封市祥符区宏源粮油购销有限公司	一类
6	开封 0202 粮油储备有限公司	二类
7	开封 0208 粮油储备有限公司	三类
8	开封 0218 粮油储备有限公司	三类
9	开封市祥符区永发粮油购销有限公司	三类
10	开封 0236 粮油储备有限公司	三类
11	开封市祥符区黄龙粮油购销有限公司	三类
12	开封市祥符区丰盛粮油购销有限公司	三类
13	开封市共赢农作物种植农民专业合作社	三类
	通许县	
14	通许县天仓粮油购销有限公司城东分公司	一类
15	通许县天仓粮油购销有限公司大岗李分公司	二类
16	通许县晨汇粮食收储有限公司厉庄分公司	三类
17	开封市通宝实业有限公司	三类
	尉氏县	
18	尉氏永达国家粮食储备库	一类
19	尉氏鑫兴河南省粮食储备有限公司	二类
20	尉氏鑫宏粮油购销有限公司	三类
21	尉氏鑫泰河南省粮食储备有限公司	三类

续表

序号	企业名称	建设类别
	洛阳市	
	市直	
22	洛阳洛粮粮食有限公司	一类
	汝阳县	
23	河南汝阳国家粮食储备库	一类
24	汝阳县瑞丰粮食仓库	二类
25	汝阳县蔡店粮油经营中心	三类
26	汝阳县宏丰粮食仓库	三类
	新安县	
27	新安0312河南省粮食储备库主库区	一类
28	新安0312河南省粮食储备库正村库区	三类
29	新安县金粟军粮供应有限公司	三类
30	新安0320河南省粮食储备库	二类
31	新安0321河南省粮食储备库	三类
32	新安县五头粮食管理所	三类
	平顶山市	
	叶县	
33	叶县金谷粮油购销有限公司	二类
34	叶县嘉源粮油购销有限公司田庄分公司	三类
35	叶县嘉源粮油购销有限公司廉村分公司	三类
36	叶县裕丰粮油销有限公司	三类
37	叶县嘉源粮油购销有限公司任店分公司	三类
38	叶县嘉源粮油购销有限公司保安分公司	三类
39	叶县嘉源粮油购销有限公司辛店分公司	三类
40	叶县嘉源粮油购销有限公司仙台分公司	三类
41	叶县嘉源粮油购销有限公司龚店分公司	三类
42	叶县嘉源粮油购销有限公司遵化分公司	三类
	鲁山县	
43	鲁山县瑞丰粮油购销有限公司	二类
44	鲁山县永信粮油购销有限公司	二类
45	鲁山县马楼豫冠粮油购销有限公司	三类

续表

序号	企业名称	建设类别
46	鲁山县正源粮油购销有限公司	三类
47	鲁山县佳禾粮油购销有限公司	三类
48	鲁山县让河宏丰粮油购销有限公司	三类
49	鲁山县董周丰达粮油购销有限公司	三类
50	鲁山县辛集庆丰粮油购销有限公司	三类
51	鲁山县神裕农业科技发展有限责任公司	三类
	安阳市	
	市直	
52	安阳市瑞丰粮食储备有限责任公司	三类
	内黄县	
53	内黄县田粮粮油购销有限公司	二类
54	内黄县河粮粮油购销有限公司	二类
55	内黄县屯粮粮油购销有限公司	三类
56	内黄县陆粮粮油购销有限公司	三类
57	内黄县张粮粮油购销有限公司	三类
58	内黄县博粮粮油购销有限公司	三类
59	内黄县双粮粮油购销有限公司	三类
60	内黄县景粮粮油购销有限公司	三类
61	内黄县东粮粮油购销有限公司	三类
62	内黄县一粮库粮油购销有限公司	三类
	林州市	
63	林州市红旗渠东姚粮油有限公司	二类
64	林州市红旗渠东姚粮油有限公司桂林分公司	三类
65	林州市大山陵阳粮油购销有限公司	三类
66	林州市大山陵阳粮油购销有限公司河顺分公司	三类
	鹤壁市	
	市直	
67	河南鹤壁国家粮食储备库	一类
	浚县	
68	浚县金天地卫贤粮油购销有限公司	一类
69	浚县金天地新镇购销有限公司	二类

续表

序号	企业名称	建设类别
70	浚县金天地粮油贸易购销有限公司	三类
	新乡市	
	市直	
71	河南新乡北站国家粮食储备库	一类
	辉县市	
72	河南辉县国家粮食储备库	一类
73	辉县市金穗粮油有限责任公司褚邱分公司	二类
74	辉县市金穗粮油有限责任公司峪河分公司	三类
75	辉县市金穗粮油有限责任公司冀屯分公司	三类
76	辉县市金穗粮油有限责任公司洪洲分公司	三类
77	辉县市城西粮油有限公司	三类
78	辉县市金穗粮油有限责任公司高庄分公司	三类
79	辉县市金穗粮油有限责任公司西平罗分公司	三类
80	辉县市银龙专用粉食品有限公司	三类
	原阳县	
81	河南原阳国家粮食储备库	二类
82	原阳县陡门粮食购销有限公司	二类
83	原阳县丰德利粮食购销有限公司	二类
84	原阳县永益粮食购销有限公司	三类
85	原阳县信强粮食购销有限公司	三类
86	原阳县茂丰粮食购销有限公司	三类
87	原阳县齐街粮食购销有限公司	三类
88	原阳县蒋庄粮食购销有限公司	三类
	封丘县	
89	河南封丘国家粮食储备库	一类
90	封丘县直属粮库有限公司	二类
91	封丘县第一粮库有限公司	三类
92	封丘县城关粮油购销有限公司居厢粮库	三类
93	封丘县应举粮油购销有限公司娄堤粮库	三类
94	封丘县应举粮油购销有限公司汪寨粮库	三类
95	封丘县应举粮油购销有限公司应举粮库	三类

续表

序号	企业名称	建设类别
96	封丘县陈桥粮油购销有限公司鲁岗粮库	三类
97	封丘县陈桥粮油购销有限公司潘店粮库	三类
98	封丘县金粮粮油购销有限公司油坊粮库	三类
	焦作市	
	市直	
99	焦作穗丰粮食储备有限公司	一类
	沁阳市	
100	沁阳市粮食局王占粮库	一类
101	沁阳市沁南粮食购销有限责任公司柏香库点	二类
102	沁阳市沁东粮食购销有限公司	三类
103	沁阳市沁南粮食购销有限责任公司西向库点	三类
104	沁阳市沁南粮食购销有限责任公司崇义库点	三类
105	沁阳市沁南粮食购销有限责任公司葛村库点	三类
106	沁阳市沁南粮食购销有限责任公司里村库点	三类
107	沁阳市粮食局王占粮库渠沟库点	三类
108	沁阳市粮食局王占粮库十八里库点	三类
109	沁阳市军粮供应站东乡库点	三类
	修武县	
110	修武恒利粮食购销有限公司五里源库区	三类
111	修武恒钰粮食购销有限公司王屯库区	一类
112	修武恒钰粮食购销有限公司董村库区	三类
113	修武县粮食局直属库	三类
114	修武恒利粮食购销有限公司周庄库区	三类
115	修武恒利粮食购销有限公司方庄库区	三类
116	修武烽发粮食购销有限公司葛庄库区	三类
117	修武烽发粮食购销有限公司城北库区	三类
118	修武鼎益粮食购销有限公司郇封库区	三类
119	修武县红三角粮油食品有限公司	三类
	濮阳市	
	市直	
120	河南濮阳国家粮食储备库	一类

续表

序号	企业名称	建设类别
	濮阳县	
121	濮阳县兴濮粮油购销有限公司	二类
122	濮阳县恒泰粮油购销有限公司	二类
123	濮阳县丰润粮油购销有限公司	二类
124	濮阳县粮油购销有限责任公司海通分公司	三类
125	濮阳县粮油购销有限责任公司清河头分公司	三类
126	濮阳县粮油购销有限责任公司五星分公司	三类
127	濮阳县粮油购销有限责任公司粮转站分公司	三类
	许昌市	
	市直	
128	河南许昌〇九〇一省粮食储备管理有限公司	三类
	鄢陵县	
129	河南德盛国家粮食储备管理有限公司张桥分公司	二类
130	河南德盛国家粮食储备管理有限公司望田分公司	二类
131	河南德盛国家粮食储备管理有限公司陶城分公司	二类
	漯河市	
	市直	
132	漯河市天宇油脂有限责任公司	一类
	舞阳县	
133	舞阳县孟寨粮库	二类
134	舞阳县太尉粮库	二类
135	舞阳县章化粮库	二类
136	舞阳县保和粮库	三类
137	舞阳县马北粮库	三类
138	舞阳县舞泉直属粮库	三类
139	舞阳三丰粮油贸易有限公司	三类
140	舞阳县舞泉第二粮库	三类
	三门峡市	
	渑池县	
141	渑池县裕丰粮油购销有限公司直属仓库	一类
142	渑池县裕丰粮油购销有限公司张村库	二类

续表

序号	企业名称	建设类别
143	渑池县裕丰粮油购销有限公司城关库	三类
144	渑池县裕丰粮油购销有限公司西阳库	三类
145	渑池县裕丰粮油购销有限公司黄花库	三类
146	渑池县裕丰粮油购销有限公司英豪库	三类
147	渑池县裕丰粮油购销有限公司英豪大窑库	三类
148	渑池县裕丰粮油购销有限公司西村库	三类
149	渑池县裕丰粮油购销有限公司洪阳公司	三类
	南阳市	
	市直	
150	河南南阳建设路国家粮食储备库	一类
	唐河县	
151	唐河县王集乡粮食管理所王集新库区	二类
152	唐河县龙潭镇粮食管理所南库区	二类
153	唐河县上屯镇粮食管理所上屯库区	二类
154	唐河县桐寨铺镇粮食管理所桐寨铺库区	三类
155	唐河县古城乡粮食管理所卖饭棚库点	三类
156	唐河县毕店镇粮食管理所库点	三类
157	唐河县少拜寺镇粮食管理所涧岭店库点	三类
158	唐河县祁仪乡粮食管理所库点	三类
159	唐河县郭滩镇粮食管理所宋营库点	三类
160	唐河县马振扶乡粮食管理所双河库点	三类
161	唐河县源潭镇粮食管理所刘岗库点	三类
162	唐河县运田农业专业合作社	三类
	方城县	
163	方城县小史店金源粮油购销有限公司	一类
164	方城县清河凯瑞粮油购销有限公司	二类
165	方城县金穗面粉有限责任公司	三类
166	南阳鑫源粮油有限公司	三类
167	方城县中心粮食储备库	三类
168	方城县博望金鑫粮油购销有限公司	三类
169	方城县恒翔粮油购销有限公司	三类

续表

序号	企业名称	建设类别
170	方城县独树金宇粮油购销有限公司	三类
171	河南方城国家粮食储备库	三类
172	方城县恒茂粮油购销有限公司	三类
	桐柏县	
173	太白粮油购销有限责任公司吴城储备库	二类
	商丘市	
	市直	
174	河南商丘国家油脂储备库	一类
	民权县	
175	民权县庄周面粉有限公司	三类
176	商丘双龙粉业有限公司	三类
	信阳市	
	市直	
177	河南信阳平桥国家粮食储备库	一类
	息县	
178	河南息县国家粮食储备库	一类
179	息县岗李店粮油贸易有限责任公司	二类
180	息县杨店粮油贸易有限责任公司	二类
181	息县临河粮油贸易有限责任公司	三类
182	息县包信粮油贸易有限责任公司	三类
183	息县金隆粮油贸易有限责任公司陈伍庄分公司	三类
184	息县金隆粮油贸易有限责任公司关店分公司	三类
185	息县项店粮油贸易有限责任公司	三类
186	息县1702省粮食储备库	三类
187	息县路口粮油贸易有限责任公司	三类
	罗山县	
188	罗山国家粮食储备库	二类
189	罗山县粮油购销有限公司庙仙分公司庙仙库点	二类
190	罗山县粮油购销有限公司东铺分公司东铺库点	二类
191	罗山县粮食物流中心	三类
192	罗山县粮油购销有限公司高店分公司高店库点	三类

续表

序号	企业名称	建设类别
193	罗山县粮油购销有限公司青山分公司青山库点	三类
194	罗山县粮油购销有限公司子路分公司子路库点	三类
195	罗山县粮油购销有限公司尤店分公司尤店库点	三类
196	罗山县粮油购销有限公司楠杆分公司檀岗库点	三类
197	罗山县双福粮业有限公司	三类
	周口市	
	沈丘县	
198	沈丘杨海营金麦粮油购销有限责任公司	二类
199	沈丘刘庄店金麦粮油购销有限责任公司	二类
200	沈丘卞路口金麦粮油购销有限责任公司	二类
201	沈丘李老庄金麦粮油购销有限责任公司	三类
202	沈丘石槽金麦粮油购销有限责任公司	三类
203	沈丘范营金麦粮油购销有限责任公司	三类
204	沈丘北杨集金麦粮油购销有限责任公司	三类
205	沈丘西环路金麦粮油购销有限责任公司	三类
206	沈丘南关金麦粮油购销有限责任公司	三类
207	周口永欣饲料有限公司	三类
	郸城县	
208	郸城县白马鑫茂粮油有限公司	一类
209	郸城县宜路永信粮油有限公司	二类
210	郸城县恒昌粮油有限公司	三类
211	郸城县双楼兴粮粮油有限公司	三类
212	郸城县石槽江丰粮油有限公司	三类
213	郸城县汲水豫粮粮油有限公司	三类
214	郸城县张完诚信粮油有限公司	三类
215	郸城县丁村惠农粮油有限公司	三类
216	郸城县巴集鼎丰粮油有限公司	三类
217	郸城县吴台粮信粮油有限公司	三类
	驻马店市	
	市直	
218	驻马店市丰盈粮油有限公司	一类

续表

序号	企业名称	建设类别
	正阳县	
219	正阳县万盛粮油购销有限责任公司	二类
220	正阳县金弘粮油购销有限责任公司	二类
221	正阳县万泰粮油购销有限责任公司	二类
222	正阳县万顺粮油购销有限责任公司	三类
223	正阳县金晶粮油购销有限责任公司	三类
224	正阳县金福粮油购销有限责任公司	三类
	泌阳县	
225	泌阳县赊湾粮油购销有限责任公司赊湾库区	二类
226	泌阳县盘古山粮油购销有限责任公司高店库区	二类
227	泌阳县泰山庙粮油购销有限责任公司泰山庙库区	二类
228	泌阳县马谷田粮油购销有限责任公司	三类
229	泌阳县王店粮油购销有限责任公司二铺库区	三类
230	泌阳县沙河店粮油购销有限责任公司老河库区	三类
231	泌阳县春水粮油购销有限责任公司春水库区	三类
232	泌阳县郭集粮油购销有限责任公司羊册库区	三类
233	泌阳县沙河店粮油购销有限责任公司沙河店库区	三类
	济源市	
234	河南济源国家粮食储备库	一类
235	济源市南方粮业有限公司轵城粮库	二类
236	济源市南方粮业有限公司天江粮库	三类
237	济源市东方粮业有限公司梨林粮库	三类
	省直管县	
	巩义市	
238	河南巩义国家粮食储备库	一类
	兰考县	
239	兰考县谷营粮油贸易有限公司	二类
240	兰考县固阳粮油贸易有限公司	二类
241	兰考县红庙粮油贸易有限公司	二类
242	兰考县葡萄架粮油贸易有限公司	二类
243	兰考县仪封粮油贸易有限公司	三类

续表

序号	企业名称	建设类别
244	兰考县万恒食品有限公司	三类
245	兰考县丰硕种植专业合作社	三类
246	兰考县一村面业有限公司	三类
	汝州市	
247	汝州市宇冠粮食购销有限公司	一类
248	汝州市鑫瑞粮食购销有限公司	二类
249	汝州市戎庄粮食储备库	三类
250	汝州市兴丰粮食购销有限公司	三类
251	汝州市兴宇粮食购销有限公司	三类
252	汝州市瑞丰粮食购销有限公司	三类
	滑县	
253	滑县华裕粮油购销有限公司	二类
254	滑县慈周寨乡丰安粮油购销有限公司	二类
255	滑县八里营乡丰泰粮油购销有限公司	二类
256	滑县道口丰悦粮油购销有限公司	三类
257	滑县留固镇丰顺粮油购销有限公司	三类
258	滑县老店镇丰益粮油购销有限公司	三类
259	滑县城关镇丰景粮油购销有限公司	三类
260	滑县王庄镇丰华粮油购销有限公司	三类
261	滑县瓦岗乡丰冠粮油购销有限公司	三类
262	滑县焦虎乡丰惠粮油购销有限公司	三类
263	滑县半坡店乡丰泽粮油购销有限公司	三类
264	滑县万古镇丰祥粮油购销有限公司	三类
	长垣县	
265	长垣县常村粮油有限责任公司常村粮库	二类
266	长垣县丁栾粮油有限责任公司	二类
267	长垣县常村粮油有限责任公司张寨粮库	二类
268	长垣县樊相粮油有限责任公司	三类
269	长垣县恼里粮油有限责任公司	三类
270	长垣县方里粮油有限责任公司	三类
271	长垣县佘家粮油有限责任公司武邱粮库	三类

续表

序号	企业名称	建设类别
272	长垣县佘家粮油有限责任公司佘家粮库	三类
273	长垣县魏庄粮油有限责任公司	三类
	邓州市	
274	河南邓州国家粮食储备库	一类
275	邓州市构林国家粮食储备库有限公司	二类
276	邓州市孟楼粮油有限公司孟楼东站	三类
277	邓州市张村粮油购销有限公司张村站	三类
278	邓州市夏集粮油有限责任公司夏集站	三类
279	邓州市陶营粮油有限责任公司王良站	三类
280	邓州市腰店粮油有限责任公司腰店站	三类
281	邓州市杨营粮油购销有限公司	三类
282	邓州市构林粮油有限责任公司魏集站	三类
	永城市	
283	永城市东方粮油贸易有限公司薛湖分公司李井库点	二类
284	永城市东方粮油贸易有限公司马桥分公司	三类
285	永城市东方粮油贸易有限公司裴桥分公司	三类
	固始县	
286	固始县粮油（集团）公司	一类
287	固始县志远粮油有限责任公司	二类
288	固始县豫丰粮油有限责任公司	二类
289	固始县广远粮油有限责任公司	三类
290	固始县鸿业粮油有限责任公司	三类
291	固始县中意粮油有限责任公司	三类
292	固始县丰谷粮油有限责任公司	三类
293	固始县永丰粮油有限责任公司	三类
294	固始县嘉鑫粮油有限责任公司	三类
295	固始县民丰粮油有限责任公司	三类
296	固始县鸿翔粮油有限责任公司	三类
297	固始县思远粮油有限责任公司	三类
	鹿邑县	
298	辛集粮油有限责任公司	一类

续表

序号	企业名称	建设类别
299	玄武粮油有限责任公司	二类
300	观堂粮油有限责任公司	三类
301	马铺粮油有限责任公司	三类
302	邱集粮油有限责任公司	三类
303	涡北粮油有限责任公司	三类
304	杨湖口粮油有限责任公司	三类
305	赵村粮油有限责任公司	三类
306	城郊粮油有限责任公司	三类
307	试量粮油有限责任公司	三类
	新蔡县	
308	河南新蔡国家粮食储备库	一类
309	河南新蔡国家粮食储备库余店分库	二类
310	河南新蔡国家粮食储备库练村分库	三类
311	河南新蔡国家粮食储备库栎城分库	三类
312	河南新蔡国家粮食储备库孙召分库	三类
313	河南新蔡国家粮食储备库韩集分库	三类
314	河南新蔡国家粮食储备库顿岗分库	三类
315	河南新蔡国家粮食储备库宋岗分库	三类
316	河南新蔡国家粮食储备库杨庄户分库	三类
317	河南麦佳食品有限公司	三类
	省直企业	
	河南豫粮物流有限公司	
318	河南豫粮物流有限公司中牟直属库	二类
319	河南豫粮物流有限公司武陟直属库	二类
320	浚县豫粮粮食贸易有限公司	一类
	河南省豫粮粮食集团有限公司	
321	河南省豫粮粮食集团有限公司长葛库	二类
322	河南省豫粮粮食集团有限公司尉氏库	三类
323	河南省豫粮粮食集团有限公司固始库	三类
324	河南省豫粮粮食集团有限公司睢县库	三类
325	河南豫粮种业有限公司	三类

续表

序号	企业名称	建设类别
326	豫粮集团濮阳粮食产业园有限公司	三类
327	豫粮集团延津小麦产业有限公司	一类
328	河南军粮储备库有限公司	三类
329	河南嘉鑫国际贸易有限公司	三类
330	河南金粒种业有限公司	三类
331	河南粮油对外贸易有限公司郾城库	三类
332	河南粮油对外贸易有限公司西平库	三类
333	河南省粮工粮食储备库有限公司中牟库	三类
334	河南省粮工粮食储备库有限公司南乐库	三类
335	河南省粮工粮食储备库有限公司鹿邑库	三类
336	河南粮油工业有限公司伊川库	三类
337	河南粮油工业有限公司许昌库	三类
338	河南粮油工业有限公司封丘库	三类
339	河南国家油脂储备库有限公司亮健库	三类
340	河南国家油脂储备库有限公司豫祥库	三类
341	河南国家油脂储备库有限公司庞寨库	三类
342	河南国家油脂储备库有限公司淮阳库	三类
343	河南国家油脂储备库有限公司西华库	三类
344	豫粮集团襄城粮食业产业有限公司0402库	一类
345	豫粮集团襄城粮食业产业有限公司襄城国库	一类
346	豫粮集团襄城粮食业产业有限公司范湖公司	二类
347	豫粮集团襄城粮食业产业有限公司颖阳公司	二类
	中原粮食集团	
348	河南省粮食局浚县直属粮库	一类
349	河南国家粮食储备库鹤壁分库	一类
350	河南省谷物储贸有限公司扶沟库	一类
351	舞钢市冉宇恒盛粮油储备有限公司	一类
352	信阳山信恒盛粮油储备有限公司	一类
353	河南省谷物储贸有限公司浚县库	二类
354	息县宏升粮食制品有限责任公司	一类
355	河南国家粮食储备库漯河分库	二类

续表

序号	企业名称	建设类别
356	河南省谷物储贸有限公司沁阳库	三类
357	上蔡县朱里粮油购销有限责任公司	二类
358	上蔡县岳丰粮贸有限公司	二类
359	上蔡县龙锦粮贸有限公司	三类
360	上蔡县洙湖粮油购销有限责任公司	三类
361	上蔡县塔桥粮油购销有限责任公司	三类
362	上蔡县无量寺粮油购销有限责任公司	三类
363	上蔡县百尺粮油购销有限责任公司	三类
364	上蔡县崇鑫粮贸有限公司	三类
365	上蔡县邵丰粮贸有限公司	三类
366	河南金粒麦业有限公司新安库	二类
367	河南金粒麦业有限公司魏邱库	二类
368	河南金粒麦业有限公司马庄库	二类
369	河南金粒麦业有限公司司寨库	三类
370	河南金粒麦业有限公司高寨库	三类

2018 年河南省粮食产后服务中心
建设项目申报指南

　　为切实做好 2018 年粮食产后服务中心建设项目申报工作，根据《国家粮食局　财政部关于印发"优质粮食工程"实施方案的通知》（国粮财〔2017〕180 号）和《河南省粮食局　河南省财政厅关于印发"优质粮食工程"实施方案的通知》（豫粮〔2017〕7 号）规定和要求，特制定本申报指南。

　　一、基本原则

　　根据《河南省粮食产后服务体系建设实施方案》总体安排，结合本辖区粮食生产、清理、烘干、收储、加工、市场供应需要，制定各县（市、区）粮食产后服务体系建设实施方案，坚持量力而行、突出重点、高效服务原则，组织实施粮食产后服务体系建设工作。

　　各县（市、区）要统筹考虑辖区内粮食生产能力、收储、物流、城镇规划及国有粮食企业改革等实际情况，按照能力适当、交通便利、合理布局的原则进行粮食产后服务中心建设，切实解决农民存粮、售粮过程中的问题。

　　为确保按期完成粮食产后服务体系建设工作，要按照相关县（市、区）财政及企业自筹资金能力，合理确定 2018 年度建设计划。要优先支持 2014 年以来"粮安工程"危仓老库维修改造和粮库智能化升级项目管理规范、进度快、配套资金落实到位、绩效显著的单位。

　　二、建设内容

　　1. 一类中心。对老旧仓房原址改造（包括建设仓房周围道路地坪等基础设施，配置相应的环流熏蒸、智能通风及多功能粮情检测系统等）；必备的安全设施设备；改造营业面积不低于 100 平方米的放心粮油便民店（超市）；建设专用烘干设施；选择配置清理、输送设备；配备快速检化验或常规检化验设备；配备可与全国粮食交易中心平台连接的网上交易终端等。

2. 二类中心。对老旧仓房原址改造（包括建设仓周围道路地坪等基础设施，配置相应的环流熏蒸、智能通风及多功能粮情检测系统等）或建设相应规模的专用烘干设施；必备的安全设施设备；改造营业面积不低于 60 平方米的放心粮油便民店（超市）；配置清理、输送设备；配备快速检化验或常规检化验设备；配备可与全国粮食交易中心平台连接的网上交易终端等。

3. 三类中心。建设烘干设施；配置清理、输送设备；配备快速检化验或常规检化验设备；必备的安全设施设备；配备可与全国粮食交易中心平台连接的网上交易终端；粮食银行、放心粮油配送中心、放心粮油便民店建设等。

以上三种类型粮食产后服务中心可在规定范围内，根据实际需要选择相应的建设内容进行建设。

三、申报条件

粮食产后服务中心以国有或国有控股粮食仓储企业、粮油加工企业和农民合作社为建设主体，确保一个县有 2 家以上的建设主体。鼓励和支持产后服务中心与农民合作社采取合作、托管、订单、相互参股或签订协议等多种方式，建立长期稳定的合作关系。

1. 在河南省境内注册，具有独立法人资格，产权明晰，经营情况良好，企业需提供营业执照、组织机构代码证、上年度财务审计报告。

2. 两年内无重大安全储粮事故、致人死亡的安全生产事故，粮油加工企业无产品质量安全事故。

3. 财务状况良好，无违法违规处理记录。

4. 自筹资金来源有保障，筹资方案切实可行。

5. 地方国有或国有控股粮食企业 3 年内无搬迁计划。建设一类中心的，产粮大县要求项目库点占地不低于 40 亩，项目完成后总仓容不低于 5 万吨；其他县要求项目库点占地不低于 30 亩，项目完成后总仓容不低于 4 万吨。建设二类中心的，产粮大县要求项目库点占地不低于 30 亩，项目完成后总仓容不低于 3 万吨；其他县要求项目库点占地不低于 20 亩，项目完成后总仓容不低于 2 万吨。建设三类中心的，要求项目库点仓容不低于 5000 吨。

6. 粮油加工企业年加工能力应不低于 5 万吨，在当地具有一定数量的粮油订单面积，且订单履约率达到 30%。

7. 农民合作社入社成员 100 户以上，现有仓容应不低于 5000 吨（可通过租赁、合作等方式获得），土地流转规模 1000 亩以上，粮食产量 500 吨以上。制度健全、管理规范、带动能力强，聘请专业的管理人员，具有一定的管理能力。独立建设粮食产后服务中心的农民合作社应具有建设用地，并具备筹资能力。

8. 具备开工条件的退城进郊库点可按一类中心申报。

四、申报数量

省辖市粮食局、财政局根据年度建设计划表分配数量确定粮食产后服务体系建设县。各县粮食产后服务中心建设根据粮食生产的集中度、粮食产量和服务功能的辐射半径确定，且按照满足产后服务需求、近民利民便民的原则合理布局。三类中心建设主体应至少有一个农民合作社或粮油加工企业。

2018 年河南省粮食产后服务体系建设年度计划表

序号	省辖市	2017～2018 年度		序号	省辖市	2017～2018 年度	
		县（个）	市直企业（个）			县（个）	市直企业（个）
1	郑州	2	1	11	漯河	1	1
2	开封	2	1	12	三门峡	1	1
3	洛阳	2	1	13	南阳	3	1
4	平顶山	2	1	14	商丘	2	1
5	安阳	1	1	15	信阳	2	1
6	鹤壁	1	1	16	周口	2	1
7	新乡	2	1	17	驻马店	2	1
8	焦作	2	1	18	济源	1	
9	濮阳	2	1	19	省直管县（市）	10	
10	许昌	1	1		合计	41	17

1. 超级产粮大县。项目总数不超过 12 个，可按照"一类中心不超过 1 个，二类中心不超过 2 个，其余为三类中心"的项目布局建设；或按照"二类中心不超过 4 个，其余为三类中心"的项目布局建设。

2. 产粮大县。项目总数不超过 10 个，可按照"一类中心不超过 1 个，二类中心不超过 1 个，其余为三类中心"的项目布局建设；或按照"二类中心不超过 3 个，其余为三类中心"的项目布局建设。

3. 其他县。项目总数不超过 4 个，可按照"一类中心不超过 1 个，二类中心不超过 1 个，其余为三类中心"的项目布局建设；或按照"二类中心不超过 2 个，其余为三类中心"的项目布局建设。

五、投资限额及补助比例

粮食产后服务中心单个一类中心项目总投资不超过 600 万元，单个二类中心项目总投资不超过 300 万元，单个三类中心项目总投资不超过 60 万元。中央及省财政补助总投资的 60%，其余资金由市、县或企业筹集。

六、申报程序和申报材料

（一）申报程序

1. 企业申报。被确定为 2018 年度实施粮食产后服务中心建设县（市、区）的建设主体，按照申报条件，自愿向同级粮食、财政部门提出申请，编写申报材料。中央企业直接向省粮食局、省财政厅提出申请。

2. 县级初审。各县（市、区）粮食局、财政局对建设主体上报的建设内容和资金筹措情况进行审核，逐户逐项实地核查。县级人民政府结合本地区实际和企业申报情况，按照申报数量要求确定推荐建设主体，编制全县建设方案。各县（市、区）粮食局、财政局联合行文将本县建设方案和申报材料报上级粮食、财政部门复核。

3. 市级复核。省辖市粮食、财政部门审定核实材料后汇总，于 2018 年 6 月 4 日前，联合行文将各县建设方案和建设主体申请材料（含 PDF 扫描版）分别报送省财政厅和省粮食局（一式 2 份）。

（二）申报材料

1. 省辖市粮食局、财政局联合推荐文件；

2. 资金申请文件（县（市、区）粮食局、财政局联合行文）；

3. 各县（市、区）建设方案（政府行文）；

4. 粮食产后服务中心建设项目汇总表；

5. 自筹资金承诺函；

6. 《粮食产后服务中心建设项目申报材料》（含 PDF 扫描版）。

（三）申报材料编制要求

1. 总投资额大于 150 万元的，应委托具备商物粮乙级及以上资质的工程咨询、设计机构编制资金申请报告，有能力的可自行编制资金申请报告。

2. 总投资额小于等于 150 万元的，可自行编制资金申请报告。

3. 申报材料应按照格式胶装成册，并加盖骑缝章。

省粮食局和省财政厅组织专家对各地上报的粮食产后服务中心建设项目及实施方案进行评审，公示无异议后，确定建设项目，拨付专项资金。

七、工作要求

抓好粮食产后服务体系建设工作是保障国家粮食安全的重要举措，各省辖市、县（市、区）财政和粮食部门要在政府的统一领导下，加强沟通协调，分工负责，扎扎实实做好各环节的工作。为确保粮食产后服务体系建设工作顺利进行，要按时报送相关资料，不按时报送的视同自动放弃。

附件：1. 粮食产后服务中心建设项目申请表

2. 粮食产后服务中心建设项目申报材料编制格式

3. 河南省粮食产后服务中心建设项目承诺书

4. ＿＿＿＿市（县、区）粮食产后服务中心建设项目汇总表

附件 1

粮食产后服务中心建设项目申请表

企业名称			企业性质	
通信地址			邮编	
联系人			联系电话	
现有仓容（吨）			仓库数量（栋）	
仓房状况	1980 年以前的仓房×万吨，1980 年至 1990 年之间的仓房×万吨，1990 年至 2000 年之间的仓房×万吨，2000 年以后的仓房×万吨。			
现有清理、烘干、检测设施情况				
库区占地面积		（亩）	粮油加工能力/年	（吨）
土地流转面积		（亩）	农民合作社入社户数	
近三年政策性粮油收储数量		（吨）	近三年粮食产后服务数量	（吨）
2014 年以来是否有粮安工程维修改造、智能化升级项目及项目完成情况（简要概括）				
本地区（企业服务能力所能辐射的）粮食产量及企业现有产后服务情况（简要概括）				

续表

粮食产后服务体系建设情况简介	项目类型	从第一、二、三类服务中心中任选一类
	建设内容	
	资金预算及来源	

项目实现目标及效果	
企业申报资料真实性和自筹资金承诺	法人代表签字：　　　　（企业公章）

县级审核意见	县粮食局意见（签章） 2018 年　月　日	县财政局意见（签章） 2018 年　月　日
市级审核意见	市粮食局意见（签章） 2018 年　月　日	市财政局意见（签章） 2018 年　月　日

附件 2

粮食产后服务中心建设项目申报材料
编制格式

第一部分　申请表

粮食产后服务中心建设项目申请表

第二部分　基本情况

一、企业基本情况

二、营业执照、组织机构代码证、自有土地证明（农民合作社可提供仓房租赁协议）

三、上年度财务审计报告

四、近三年粮食产购储加销情况

五、近三年粮食产后服务推进情况

第三部分　建设规划

一、目标及原则

二、总体布局

三、建设内容

四、实施计划

五、投资测算及来源

第四部分　保障措施

一、组织领导机制

二、责任分解落实

三、资金管理制度

四、项目监管制度

五、绩效评价体系

第五部分 证明材料

一、河南省粮食产后服务中心建设项目承诺书

二、资金承诺书

三、现场核查报告

四、两年内无违法违规记录证明

五、两年内未发生重大安全储粮事故和人员死亡安全生产事故证明

备注：项目承诺书由建设单位出具；现场核查报告、无违法违规记录证明和无安全事故证明由当地粮食部门出具。资金承诺书要明确配套资金的具体金额。

附件3

河南省粮食产后服务中心建设项目承诺书

　　为充分体现公开、公平、公正和诚实守信原则，本单位在参与河南省粮食产后服务中心建设项目申报过程中特作以下承诺，保证无任何违规、违纪行为，接受社会各界监督。若有违反，甘愿承担相关法律责任。

　　1. 不提供虚假材料、虚假项目。

　　2. 不以行贿等任何不正当手段，向任何单位或个人谋取不正当照顾。

　　3. 不以提供不正当利益等方式谋求评审专家照顾。

　　4. 项目获得批准后，严格按照政策规定，足额筹措配套资金，保质保量按时完成项目建设任务。

　　5. 主动接受并配合省、市、县财政和粮食部门及有关监督部门的监督检查。

　　承诺单位（盖章）：

　　法人代表（盖章/签字）：

　　联系电话：

　　　　　　　　　　　　　　　　　　　　2018 年　 月 　日

附件 4

单位:粮食局(盖章)

_____市(县、区)粮食产后服务中心建设项目汇总表

粮食局(盖章)　　财政局(盖章)

序号	地市	县(市、区)	项目单位名称	项目地址	主体类型	主体性质	所建库区占地面积(亩)	该库区总仓容(万吨)	该库区仓房数(栋)
合计									

续表

建设内容					项目总投资（万元）	其中:申请中央及省级财政补助（万元）	其中:企业自筹或地方财政配套（万元）	建设类别
一、烘干机 数量(台)	二、清理、输送、除尘类 数量(台)	三、检化验类 (台)	四、信息、销售类	五、原址改造 (万吨)				

注:1. 项目地址需包括项目所在地市及县(市、区)名称。

2. 主体类型指国有粮食企业、加工企业、农民合作社或以上联合。

3. 主体性质指国有和民营。

4. 建设类别填一类、二类、三类服务中心。

填报人:　　　　　　　　　　　　填报时间:

河南省粮食产后服务中心建设
补充技术要求

为满足普通小麦最低收购价收购和优质小麦、花生、稻谷、玉米市场化收购对粮食质量安全指标检测的需要，根据《河南省粮食产后服务中心建设技术指南（试行）》（豫粮文〔2018〕72 号），对粮食产后服务中心项目购置粮食质量安全指标快速检测仪器的技术要求作如下补充：

《国家粮食和物资储备局关于做好 2018 年粮食质量安全监测和质量会检有关工作的通知》（国粮发〔2018〕57 号）和《河南省粮食局关于印发 2018 年年粮食质量调查、品质测报、安全监测和质量会检等有关工作方案的通知》（豫粮文〔2018〕67 号）要求对新收获的稻谷、小麦、玉米、大豆等主要粮食品种，进行重金属含量、真菌毒素含量和农药残留等项目安全监测。为满足以上安全指标检测要求，各粮食产后服务中心项目所购置仪器须能够定量检测小麦、玉米、稻谷等粮食中黄曲霉毒素 B1，脱氧雪腐镰刀菌烯醇（呕吐毒素），玉米赤霉烯酮，赭曲霉毒素 A 等四项指标，且经国家有关部门验证并出具仪器定量检测评审报告。仪器采购必须按照《河南省粮食产后服务体系建设项目管理办法》（豫粮文〔2018〕78 号）要求，规范操作。

河南省粮食产后服务体系建设
项目管理办法

第一章　总　则

第一条　为加强"优质粮食工程"粮食产后服务体系建设项目管理，提高粮食产后服务体系建设专项资金使用效益，保障建设项目顺利实施，确保项目建成后为种粮农民提供高效的"代清理、代干燥、代储存、代加工、代销售"等"五代"服务，增强农民市场议价能力，促进粮食提质增效，推动节粮减损，提升农业专业化服务水平。根据《国家粮食局　财政部关于印发"优质粮食工程"实施方案的通知》（国粮财〔2017〕180号）、《国家粮食和物资储备局关于进一步加强粮食行业项目资金使用管理工作的通知》（国粮发〔2018〕49号）、《河南省财政厅　河南省粮食局关于加强"优质粮食工程"专项资金监管的通知》（豫财贸〔2018〕10号），以及粮食工程建设和设备采购相关规定，制定本办法。

第二条　本办法适用于全省"优质粮食工程"粮食产后服务体系建设项目的管理。粮食产后服务体系建设项目，是指使用"优质粮食工程"专项资金建设的粮食产后服务中心项目（以下统称"粮食产后服务项目"）

第三条　粮食产后服务项目建设及服务执行《国家粮食局办公室关于印发〈粮食产后服务中心建设技术指南（试行）〉和〈粮食产后服务中心服务要点（试行）〉的通知》（国粮办储〔2017〕266号）、《河南省粮食产后服务中心建设技术指南（试行）》（豫粮文〔2018〕72号）等有关技术标准。

第四条　粮食产后服务项目实施前，项目建设主体应编制实施方案，报省辖市、省直管县（市）粮食、财政部门审核、备案。

第五条　粮食产后服务体系建设工作要认真执行"法人责任制、招标投标制、建设监理制和合同管理制"规定，切实加强项目建设管理。项目前期设计、招标方案及论证，招标清单编制和审查，招标代理、监理和验收等项费用可纳入项目建设成本。

第二章 建设主体和建设内容

第六条 粮食产后服务中心应具有独立法人资格，具备相应的粮食产后服务功能和经营管理能力，能够为种粮农户开展"五代"服务。符合相应法律法规规定条件的，可以将服务范围扩展到提供市场信息、种子、化肥等和融资、担保服务，发展"粮食银行"，推广订单农业等业务。

第七条 粮食产后服务中心以粮食仓储企业、粮油加工企业和农民合作社为建设主体，确保一个县有2家以上的建设主体。

（一）粮食仓储企业。地方国有或国有控股粮食企业，具有独立法人资格，产权明晰，3年内无搬迁计划。建设一类中心的，产粮大县要求项目库点占地不低于40亩，项目完成后总仓容不低于5万吨；其他县要求项目库点占地不低于30亩，项目完成后总仓容不低于4万吨。建设二类中心的，产粮大县要求项目库点占地不低于30亩，项目完成后总仓容不低于3万吨；其他县要求项目库点占地不低于20亩，项目完成后总仓容不低于2万吨。建设三类中心的，要求项目库点仓容不低于5000吨。

（二）粮油加工企业。具有独立法人资格，年加工能力应不低于5万吨，在当地具有一定数量的粮油订单面积，有实力的粮油加工龙头企业。

（三）农民合作社。具有独立法人资格，成员100户以上，现有仓容应不低于5000吨（可通过租赁、合作等方式获得），土地流转规模1000亩以上，粮食产量500吨以上。制度健全、管理规范、带动能力强，聘请专业的管理人员，具有一定的管理能力。独立建设粮食产后服务中心的农民合作社应具有建设用地，并具备筹资能力。

第八条 根据服务规模和功能，我省粮食产后服务中心分三种类型建设。每种类型粮食产后服务中心可在下列范围内，根据实际需要选择相应的建设内容进行建设。

（一）一类中心。对老旧仓房原址改造（包括建设仓房周围道路地坪等基础设施，配置相应的环流熏蒸、智能通风及多功能粮情检测系统等）；必备的安全设施设备；改造营业面积不低于100平方米的放心粮油便民店（超市）；建设专用烘干设施；选择配置清理、输送设备；配备快速检化验或常规检化验设备；配备可与全国粮食交易中心平台连接的网上交易终端等。

（二）二类中心。对老旧仓房原址改造（包括建设仓房周围道路地坪等基础设施，配置相应的环流熏蒸、智能通风及多功能粮情检测系统等）或建设相应规模的专用烘干设施；必备的安全设施设备；改造营业面积不低于60平方米的放心粮油便民店（超市）；配置清理、输送设备；配备快速检化验或常规检化验设备；配备可与全国粮食交易中心平台连接的网上交易终端等。

（三）三类中心。建设烘干设施；配置清理、输送设备；配备快速检化验或常规检化验设备；必备的安全设施设备；配备可与全国粮食交易中心平台连接的网上交易终端；粮食银行、放心粮油配送中心、放心粮油便民店建设等。

第三章　项目实施与管理

第九条　按照"统筹规划、合理布局、突出重点"和整县推进原则，坚持需求导向，对自愿申报、符合条件、建设积极性高、具备一定资金筹措和抗风险能力的建设主体，由各县（市、区）粮食、财政部门进行综合审核，经县（市、区）人民政府同意后，报省辖市粮食、财政部门。省辖市粮食、财政部门对各县（市、区）上报的建设主体进一步审核后，连同市直属建设主体一并报省粮食局、省财政厅。省直管县（市）、省直属企业、中央驻豫粮食企业直接向省粮食局、省财政厅申报。省粮食局、省财政厅共同组织专家评审，并经公示后确定建设项目，下达建设计划。

第十条　项目建设实行阳光操作，简化程序，加强服务，相关情况及时向社会公布，公布举报电话，接受群众监督，确保项目建设规范高效、廉洁实施。

第十一条　项目建设主体的法人负责本单位项目申报、资金筹措、建设管理等工作，应按照省辖市、省直管县（市）粮食部门审核后的实施方案，按照建设程序和建设管理"项目法人责任制、招标投标制、建设监理制和合同管理制"要求，认真组织实施。项目实施过程中如需调整或改变原方案的，必须报省辖市、省直管县（市）粮食部门再次审核后执行。不得擅自改变建设内容和建设标准，严禁转移、侵占或挪用财政补助资金。要合理规划好资金使用分配，保证满足项目建设各环节（包括设计、招标、监理、施工、验收等）需要。

第十二条　项目涉及基本建设投资的，按照基本建设投资管理相关规定执行；符合招投标或政府采购规定的，按相关规定执行。

一、二类粮食产后服务项目的设计咨询工作，应委托具有商物粮设计资质乙级及以上单位承担，并设计详细施工图纸，满足工程招标和施工需要。三类粮食产后服务项目可由项目单位自行设计。

一、二类粮食产后服务项目应全面执行建设监理制，监理单位的选择要按照规定程序确定。监理工程师必须持证上岗。监理单位在土建施工、设备安装直至竣工验收阶段，实施全过程监理，确保工程质量、工程进度达到国家要求和资金使用安全。

第十三条　建设主体在项目各阶段与提供服务或供货、勘察、设计、招标、施工、监理、技术服务、技术支持等单位依法订立合同，明确各方责任、权利和义务。

第十四条　建设主体要督导各参建单位完善岗位安全生产责任制，在项目设计、施工、监理、验收等环节，做好安全保障，做到文明施工、安全施工。同时要采取必要措施，做到粮食产后服务体系建设和生产经营两不误，保障既有粮库收储工作的正常运行。

第十五条　施工合同签订后，粮食产后服务项目各方应按进度计划及时组织项目实施。除不可抗拒因素外，粮食产后服务项目须在施工合同签订之日起 6 个月内竣工。

第十六条　对不能够按照实施方案完成项目建设任务的，建设主体要及时向市、县粮食部门书面报告，说明情况并制定限期整改方案，市、县粮食局按规定向地方政府报送情况。对确实无法按计划实施建设的，可由省辖市粮食、财政部门在本辖区内调整项目建设计划，但不得缩减建设标准和规模，并报省粮食局、财政厅备案。

第四章　项目验收和总结

第十七条　项目按照实施方案，完成全部建设内容，能够满足粮食产后服务功能要求的，方可组织验收。项目验收要严格执行国家粮食局《粮食产后服务中心建设指南（试行）》《河南省粮食产后服务体系建设技术指南（试行）》。竣工验收完成后，市、县粮食部门应及时整理竣工验收材料并归档。归档资料主要包括：

（一）项目申报、审批文件；

（二）项目实施方案及相关制度；

（三）资金使用管理情况，包括各级财政补助资金支付凭证、企业自筹资金到位和支付凭证、竣工决算及审计报告等资料；

（四）项目建设及验收相关资料；

（五）项目运行管理制度；

（六）项目实施前、后库（厂）容库（厂）貌及项目实施过程中的相关图片、影像资料等。

第十八条　未通过竣工验收的项目，市县粮食部门应责成项目建设主体在 20 个工作日内完成整改，并形成整改报告。

第十九条　项目竣工验收实行"谁组织、谁验收、谁签字、谁负责"。

第二十条　项目涉及基本建设投资的建设主体应向当地建筑档案部门报送资料存档。建设主体财务部门根据相关要求，把新建设、购置的设施、设备转入固定资产。

第二十一条　要及时做好绩效评价工作，对项目执行过程及结果进行科学、客观、公正的衡量比较和综合评判，重点评价财政补助资金所产生的经济效益、社会效益，并出具绩效评价报告。

第二十二条　粮食产后服务体系建设工作完成后，各省辖市、省直管县（市）粮食、财政部门在规定时限内，将工作总结以正式文件分别报送省粮食局、省财政厅。工作总结内容包括项目资金使用情况，粮食产后服务体系建设工作组织落实情况，粮食产后服务中心情况及建设主要内容、存在的问题及有关措施建议等。

第五章　职责分工

第二十三条　省粮食局、省财政厅根据国家"优质粮食工程"实施方案，结合全省建设实际，按照粮食产后服务中心建设的总体目标、范围和条件等，统筹全省建设任务、项目和内容，合理确定年度建设规模，科学制定实施方案，报国家粮食和物资储备局、财政部备案。组织项目申报、评审、制定管理制度和建设标准，督促抽查项目进展情况。省粮食局负责对项目建设、验收和使用等进行指导和监督。省财政厅根据中央和省财政补助资金情况，统筹安排和拨付财政补助资金，并指导督促市县财政部门加强资金监管和绩效管理工作。

第二十四条　粮食产后服务体系建设已纳入粮食安全市县长责任制考核内容，各市、县人民政府要统筹协调做好辖区内粮食产后服务体系建设工作，保质保量完成粮食产后服务体系建设任务。市、县财政部门负责资金及时拨付与监管；市、县粮食部门负责项目的实施、质量监管、工程进度等；县（市、区）粮食、财政部门负责组织项目预验收，省辖市粮食、财政部门负责组织项目竣工验收。

　　第二十五条　县（市、区）级人民政府作为组织实施的责任主体，组织粮食、财政等部门做好以下具体工作。

　　（一）开展需求摸底调查、编制本县（市、区）建设方案。指导建设主体做好新建项目的备案、规划、土地、环评等工作，对申请建设项目进行审核确认，确保申报项目内容真实可靠，符合项目建设条件。

　　（二）组织协调项目建设，对建设资金实行专账管理，可实行先建后补，或根据项目建设进度和质量及企业自筹资金支付情况，按规定比例及时拨付财政补助资金。

　　（三）指导项目建设主体按照规定，通过实施公开招标或政府采购方式，确定供货商、施工、监理单位、项目服务单位。

　　（四）加强对建设项目管理，组织相关部门定期到现场检查工程质量、项目进度和资金使用情况，及时协调解决建设中遇到的困难，发现问题及时督促整改，按时向省辖市粮食部门报送项目建设进度、工作总结。

　　（五）组织本县（市、区）项目预验收，企业和设施信息档案管理，督导开展"五代"服务等工作。

　　第二十六条　项目建设主体要做好资金筹集、项目招标、设备采购、项目建设以及工程资料的收集、建档等工作。要建立项目公示公告制度，及时将项目名称、建设内容、进度计划、资金安排及项目业主单位、施工单位、监理单位、纪检部门和具体责任人、举报电话等情况在一定范围内张榜公布或公示，主动接受职工群众和社会监督。

第六章　附　　则

　　第二十七条　各市、县（市、区）粮食、财政部门可结合当地实际，制定实施细则，报省粮食局、省财政厅备案。

　　第二十八条　本办法由省粮食局、省财政厅负责解释。

　　第二十九条　本办法自印发之日起施行。

下达 2018~2019 年度河南省粮食产后
服务体系建设项目名单的通知

　　根据《河南省粮食局　河南省财政厅关于印发"优质粮食工程"实施方案的通知》（豫粮〔2017〕7 号）、《河南省粮食局　河南省财政厅关于印发河南省粮食产后服务中心建设项目申报指南的通知》（豫粮文〔2018〕69 号）规定，各省辖市粮食局、财政局开展了 2018~2019 年度粮食产后服务中心建设项目的申报、审核、把关、推荐工作，省粮食局和省财政厅在此基础上按规范程序，抽取专家进行了项目评审。其评审结果已于 2018 年 6 月 19 日至 25 日在省粮食局公共资源网上对全社会进行了公示，没有收到任何异议。根据专家评审及公示结果，经研究，决定对全省 273 个粮食产后服务中心（含 2017 年评审通过的 31 个未下拨资金）项目予以资金补助。

　　附件：2018~2019 年度河南省粮食产后服务体系建设项目名单

附件

2018~2019 年度河南省粮食产后服务体系建设项目名单

序号	项目单位名称	建设类别
	郑州市	
	市直	
1	河南郑州兴隆国家粮食储备库	一类
2	郑州正丰油脂有限公司	一类
	开封市	
	市直	
3	开封城东国家粮食储备有限公司	一类
	杞县	
4	杞县美佳粮油购销有限责任公司	二类
5	杞县金苏麦业河南省粮食储备有限责任公司	二类
6	杞县亿佳粮油购销有限责任公司	二类
	洛阳市	
	嵩县	
7	嵩县国家粮食储备库	二类
8	嵩县粮油购销管理中心	二类
9	嵩县〇三三四河南省粮食储备库	二类
	洛宁县	
10	河南洛宁国家粮食储备库	一类
11	洛宁县面粉厂	三类
12	洛宁〇三二六河南省粮食储备库	三类
13	洛宁良友粮油购销有限公司	三类
14	洛宁县赵村粮油购销有限公司	三类
	伊川县	
15	河南伊川国家粮食储备库	一类
16	伊川县粮食局面粉厂	三类
17	洛阳市百香面业有限公司	三类
18	洛阳六方合面业有限公司	三类
19	伊川县金粟农业科技有限公司	三类
20	洛阳鹏阳农业科技开发有限公司	三类

续表

序号	项目单位名称	建设类别
	平顶山	
	舞钢市	
21	舞钢市粮食局八台粮食管理所	二类
22	舞钢市粮食局安寨粮食管理所	三类
23	河南舞钢国家粮食储备库	三类
24	舞钢市粮食局王店粮食管理所	三类
	郏县	
25	郏县〇四二三河南省粮食储备库	二类
26	郏县粮食局冢头粮食管理所	二类
27	郏县〇四一六河南省粮食储备库	三类
28	郏县粮食局长桥粮食管理所	三类
29	郏县粮食局王集粮食管理所	三类
30	郏县粮食局茨芭粮食管理所	三类
31	郏县粮食局安良粮食管理所	三类
32	郏县粮食局白庙粮食管理所	三类
33	郏县粮食局渣园粮食管理所	三类
34	郏县粮食局广阔天地粮食管理所	三类
	安阳市	
	市直	
35	河南安阳安林国家粮食储备库	三类
	汤阴县	
36	汤阴县茂源粮油购销有限公司	三类
	安阳县	
37	安阳县光明粮油购销有限责任公司	二类
38	安阳县鑫地粮油购销有限责任公司	三类
39	安阳县粮油购销有限责任公司辛村经营部	三类
40	安阳县鑫源粮油购销有限责任公司	三类
41	安阳县粮油购销有限责任公司韩陵经营部	三类
42	安阳县良源粮油购销有限责任公司	三类
	鹤壁市	
	市直	

续表

序号	项目单位名称	建设类别
43	鹤壁市粮食局第二粮库	一类
	淇县	
44	淇县茂源粮油购销有限公司西岗库点	二类
45	淇县茂源粮油购销有限公司庙口库点	三类
	新乡市	
	市直	
46	河南新乡新华国家粮食储备库	一类
	卫辉市	
47	卫辉市亚丰粮食购销有限责任公司李元屯分公司	三类
48	卫辉市亚丰粮食购销有限责任公司庞寨分公司	三类
49	卫辉市亚丰粮食购销有限责任公司倪湾分公司	三类
	获嘉县	
50	河南获嘉国家粮食储备库	一类
51	河南获嘉国家粮食储备库城西分库	二类
52	河南获嘉国家粮食储备库张巨分库	三类
53	河南获嘉国家粮食储备库照镜分库	三类
54	河南获嘉国家粮食储备库丁村分库	三类
55	获嘉县嘉禾粮油购销有限公司大辛庄粮管所	三类
56	获嘉县嘉禾粮油购销有限公司冯庄粮管所	三类
57	获嘉县嘉禾粮油购销有限公司中和粮管所	三类
58	获嘉县嘉利粮油购销有限公司太山粮管所	三类
59	获嘉县嘉利粮油购销有限公司徐营粮库	三类
	新乡县	
60	河南新乡翟坡国家粮食储备库有限公司	一类
61	新乡县小冀粮食有限责任公司	三类
62	新乡县大召营粮食有限责任公司	三类
63	新乡县合河粮食有限责任公司	三类
64	新乡县七里营粮食有限责任公司	三类
65	新乡县朗公庙粮食有限责任公司	三类
	焦作市	
	市直	

续表

序号	项目单位名称	建设类别
66	焦作新丰粮食储备有限公司	一类
	博爱县	
67	河南博爱国家粮食储备库	一类
68	博爱鸿昌粮油购销有限公司	三类
	温县	
69	温县温粮种业有限公司	三类
	濮阳市	
	市直	
70	河南濮阳皇甫国家粮食储备库	一类
71	濮阳市粮食储备库	一类
	清丰县	
72	清丰县粮油购销有限公司固城分公司	二类
73	清丰县粮油购销有限公司城东分公司	二类
74	清丰县粮油购销有限公司六塔分公司	二类
75	清丰县粮油购销有限公司古城分公司	三类
76	清丰县粮油购销有限公司韩村分公司	三类
77	清丰县粮油购销有限公司双庙分公司	三类
78	清丰县粮油购销有限公司瓦屋头分公司	三类
79	清丰县粮油购销有限公司仙庄分公司	三类
80	清丰县粮油购销有限公司马村分公司	三类
81	清丰县粮油购销有限公司大流分公司	三类
	范县	
82	范县乐土粮油购销有限公司第七分公司	二类
83	范县乐土粮油购销有限公司第六分公司	二类
84	范县乐土粮油购销有限公司第十五分公司	二类
85	范县乐土粮油购销有限公司第一分公司	三类
86	范县乐土粮油购销有限公司第二分公司	三类
87	范县乐土粮油购销有限公司第三分公司	三类
	许昌市	
	市直	
88	河南许昌五里岗国家粮食储备管理有限公司	三类

续表

序号	项目单位名称	建设类别
	长葛市	
89	长葛市葛天粮油商贸公司官亭分公司	二类
90	长葛市增福庙粮食管理所	二类
91	长葛〇九一一河南省粮食储备库有限责任公司	三类
	漯河市	
	市直	
92	漯河市军粮粮食储备有限公司	一类
	临颍县	
93	临颍县大郭粮油贸易有限公司	二类
94	临颍县石桥粮油贸易有限公司	三类
95	临颍县陈庄粮油贸易有限公司	三类
96	临颍县台陈粮油贸易有限公司	三类
97	临颍县宏丰粮油贸易有限公司	三类
98	临颍县宏达粮油贸易有限公司	三类
99	临颍县巨陵粮油贸易有限公司	三类
100	临颍县清选种植专业合作社	三类
	三门峡市	
	市直	
101	三门峡市粮食局直属仓库	一类
	灵宝市	
102	灵宝国家粮食储备库	一类
103	灵宝市粮油购销有限责任公司	二类
	卢氏县	
104	卢氏县为民粮油储备储运有限责任公司产业聚集区库	一类
105	卢氏县为民粮油储备储运有限责任公司石龙头库	二类
	南阳市	
	市直	
106	南阳一六五九河南省粮食储备库	三类
	镇平县	
107	镇平县易成粮油购销有限责任公司	一类
108	镇平县中祥粮油购销有限责任公司	二类

续表

序号	项目单位名称	建设类别
109	镇平县中谷粮油购销有限责任公司	三类
110	镇平县东腾粮油购销有限责任公司	三类
111	镇平县久久粮油购销有限责任公司	三类
112	镇平县鸿德粮油购销有限责任公司	三类
113	镇平县傲强面业有限责任公司	三类
114	南阳一滴香油脂食品有限公司	三类
	社旗县	
115	社旗县丁庄粮油购销有限公司	二类
116	社旗县青台粮油购销有限公司	二类
117	社旗县郝寨粮油购销有限公司	二类
118	社旗县桥头粮油购销有限公司	三类
119	社旗县大冯营粮油购销有限公司	三类
120	社旗县饶良粮油购销有限公司	三类
121	社旗县朱集粮油购销有限公司	三类
122	社旗县唐庄粮油购销有限公司	三类
123	社旗县苗店粮油购销有限公司	三类
124	社旗县李店粮油购销有限公司	三类
	南召县	
125	南召欣冠粮油购销公司	二类
	新野县	
126	新野金泰面业有限责任公司	三类
127	新野县裕康面业有限责任公司	三类
128	新野县飞凯植物油有限公司	三类
	宛城区	
129	南阳市宛城区瓦店粮食管理所	二类
130	南阳市宛城区金华粮食管理所	二类
131	河南南阳宛城国家粮食储备库宛东分库	三类
132	南阳市宛城区汉冢粮食管理所	三类
133	南阳市宛城区黄台岗粮食管理所	三类
134	南阳市宛城区茶庵粮食管理所	三类
135	南阳市宛城区溧河粮食管理所	三类

续表

序号	项目单位名称	建设类别
136	南阳市宛城区官庄粮食管理所	三类
137	南阳市宛城区新店粮食管理所	三类
138	南阳市纯天然彩麦开发有限公司	三类
	商丘市	
	梁园区	
139	商丘市益民粮油购销有限公司	二类
140	商丘市金地粮油购销有限公司	三类
141	商丘市军粮供应站	三类
142	商丘市腾达粮油购销有限公司	三类
143	商丘市致成粮油购销有限公司	三类
144	商丘市世纪粮油购销有限公司	三类
145	商丘市金龙粮油购销有限公司	三类
	睢阳区	
146	商丘市睢阳区金益粮油购销有限公司	二类
147	商丘市睢阳区惠隆粮油购销有限公司	二类
	睢县	
148	睢县绿城粮油贸易有限公司	一类
149	河南睢县国家粮食储备库	二类
150	睢县涧岗粮油购销有限责任公司	三类
151	睢县尚屯粮油购销有限责任公司	三类
152	睢县孙聚寨粮油购销有限责任公司	三类
153	睢县西陵粮油购销有限责任公司	三类
154	睢县金谷粮油购销有限责任公司	三类
155	睢县潮庄粮油购销有限责任公司	三类
156	睢县帝丘粮油购销有限责任公司	三类
157	睢县白庙粮油购销有限责任公司	三类
	信阳市	
	市直	
158	信阳金牛粮油储备库	一类
	潢川县	
159	潢川县仁和粮油购销有限责任公司	二类

续表

序号	项目单位名称	建设类别
160	河南黄淮集团来龙粮油有限公司来龙库	二类
161	潢川县一七〇五河南省粮食储备库黄岗库	二类
162	河南黄淮集团小吕店粮油有限公司	三类
163	河南黄淮集团埕孜粮油有限公司	三类
164	河南黄淮集团伞陂粮油有限公司	三类
165	河南黄淮集团白店粮油有限公司	三类
166	潢川一七〇四河南省粮食储备库	三类
167	河南黄淮集团隆古粮油有限公司	三类
168	河南黄淮集团魏岗粮油有限公司	三类
	淮滨县	
169	淮滨县粮油购销总公司王家岗库点	二类
170	淮滨县金麦粮食收储有限责任公司	二类
171	淮滨县地方粮食储备库	二类
172	淮滨县期思金硕粮油购销有限责任公司	三类
173	淮滨县赵集金地粮油购销有限责任公司	三类
174	淮滨县粮油购销总公司张里店点	三类
175	淮滨县粮油购销总公司吉庙库点	三类
176	淮滨县粮油购销总公司马集库点	三类
177	淮滨县粮油购销总公司马东库点	三类
178	淮滨县粮油购销总公司王店点	三类
	光山县	
179	河南光山国家粮食储备库	二类
180	光山县孙铁铺粮油购销有限责任公司	二类
181	光山县泼河金丰粮油购销有限责任公司	二类
182	光山县槐店巨丰粮油购销有限责任公司	三类
183	光山县晏河隆丰粮油购销有限责任公司	三类
184	光山县河金穗粮油购销有限公司	三类
185	光山县弦山泰丰粮油购销有限责任公司	三类
186	光山县十里裕丰粮油购销有限责任公司	三类
187	光山县南向店同丰粮油购销有限责任公司	三类
188	光山县仙居远丰粮油购销有限责任公司	三类

续表

序号	项目单位名称	建设类别
	商城县	
189	商城县千叶春粮油购销有限责任公司	二类
190	商城县鑫谷粮油购销有限责任公司	二类
191	商城县状元香粮油购销有限责任公司	二类
192	商城一七七一河南省粮食储备库	三类
193	商城县双丰粮油购销有限责任公司	三类
194	商城县东谷粮油购销有限责任公司	三类
195	河南商城国家粮食储备库	三类
196	商城县永丰粮油购销有限责任公司	三类
197	商城县兄弟米业有限公司	三类
	周口市	
	扶沟县	
198	扶沟县大李庄粮油贸易有限公司	二类
199	扶沟县汴岗粮油贸易有限公司	二类
200	扶沟县大新粮油贸易有限公司	二类
201	扶沟县曹里粮油贸易有限公司	三类
202	扶沟县崔桥粮油贸易有限公司	三类
203	扶沟县白潭粮油贸易有限公司	三类
204	扶沟县柴岗粮油贸易有限公司	三类
205	扶沟县固城粮油贸易有限公司	三类
206	扶沟县练寺粮油贸易有限公司	三类
207	扶沟县乐涛面业有限公司	三类
	商水县	
208	商水县固墙粮食购销有限公司	二类
209	商水县张庄粮食购销有限公司	二类
210	商水县金凯粮食购销有限公司	二类
211	商水县黄寨粮食购销有限公司	三类
212	商水县金地粮食购销有限公司	三类
213	商水县胡吉粮食购销有限公司	三类
214	商水县金超粮食购销有限公司	三类
215	商水县汤庄粮食购销有限公司	三类

续表

序号	项目单位名称	建设类别
216	商水县鑫惠粮食购销有限公司	三类
217	商水县邓城粮食购销有限公司	三类
218	商水县张明粮食购销有限公司	三类
219	商水县天华种植专业合作社	三类
	淮阳县	
220	淮阳县曹河星源粮油购销有限公司	二类
221	淮阳县安岭华中粮油购销有限公司	二类
222	淮阳县双利粮油购销有限公司	二类
223	淮阳县白楼宏远粮油购销有限公司	三类
224	淮阳县豆门丰泽粮油购销有限公司	三类
225	淮阳县新站溢阳粮油购销有限公司	三类
226	淮阳县黄集谷馨粮油购销有限公司	三类
227	淮阳县王店顺发粮油购销有限公司	三类
228	淮阳县朱集顺意粮油购销有限公司	三类
229	淮阳县葛店丰源粮油购销有限公司	三类
	驻马店市	
	确山县	
230	河南确山国家粮储备库	一类
231	确山县顺山店粮油购销有限公司	二类
232	确山县昌源粮油购销有限公司	三类
233	确山县金禾粮油购销有限公司	三类
234	确山县双源粮油购销有限公司	三类
235	确山县杨店粮油购销有限公司	三类
236	确山县新安店粮油购销有限公司	三类
237	确山县李新店粮油购销有限公司	三类
238	确山县任店粮油购销有限公司	三类
239	确山县双剑面业有限公司	三类
	汝南县	
240	汝南县嘉禾粮油有限责任公司	一类
241	汝南县金谷粮油有限责任公司	二类
242	汝南县金粟粮油有限公司	三类

续表

序号	项目单位名称	建设类别
243	汝南县汇丰粮油有限责任公司	三类
244	汝南县天源粮油有限责任公司	三类
245	汝南一五一三河南省粮食储备库	三类
246	汝南县大王粮油有限责任公司	三类
247	汝南县瑞丰粮油有限责任公司	三类
248	汝南县丰泽粮油有限责任公司	三类
249	汝南县恒丰粮油有限责任公司	三类
	遂平县	
250	遂平国家粮食储备库	二类
251	遂平裕达集团金丰粮油有限公司	三类
252	遂平裕达集团沈寨粮油有限公司	三类
253	遂平裕达集团金益粮油有限公司	三类
254	遂平裕达集团阳丰粮油有限公司	三类
255	遂平裕达集团文城粮油有限公司	三类
256	遂平裕达集团和兴粮油有限公司	三类
257	遂平裕达集团常庄粮油有限公司	三类
258	遂平一五二五河南省粮食储备库	三类
259	遂平一五〇一河南省粮食储备库	三类
	省直	
	中原粮食集团有限公司	
260	河南国家粮食储备库新野直属库	二类
261	河南金地粮食集团有限公司	三类
	河南省粮食局军粮供应中心	
262	温县天润粮业有限公司	二类
	河南省豫粮粮食集团有限公司	
263	河南世通谷物有限公司长葛直属库	三类
264	河南世通谷物有限公司长葛直属二库	三类
265	河南世通谷物有限公司夏邑直属库	三类
266	豫粮集团襄城粮食产业有限公司山头店公司	三类
267	豫粮集团襄城粮食产业有限公司茨沟公司	三类
268	豫粮集团襄城粮食产业有限公司姜庄公司	三类

续表

序号	项目单位名称	建设类别
269	豫粮集团襄城粮食产业有限公司麦岭公司	三类
270	豫粮集团襄城粮食产业有限公司中心公司	三类
271	豫粮集团襄城粮食产业有限公司汾陈公司	三类
272	豫粮集团襄城粮食产业有限公司面粉公司	三类
273	豫粮集团襄城粮食产业有限公司双庙公司	三类

河南省粮食产后服务中心
建设项目验收办法

为做好河南省粮食产后服务体系建设项目验收工作，加强项目管理，保证质量安全，根据国家《粮食仓房维修改造技术规程》（LS/T 8004—2009）、《粮油仓库工程验收规程》（LS/T 8008—2010）等有关规定，制定本办法。

一、验收范围

凡使用"优质粮食工程"粮食产后服务体系建设专项资金建设、按照核定实施方案完成建设任务的粮食产后服务中心建设项目（以下简称项目），建成完工后，应及时组织验收。

二、验收依据

国家和省现行有关规定、技术标准和施工验收规范等要求，项目资金申请报告、批准文件、投资计划、施工图、支出预算、工程承包和设备购买合同等。

三、验收条件

粮食产后服务中心建设项目应具备以下条件方可进行竣工验收。

（一）工程已按报备的施工方案全部竣工；

（二）设备安装完毕，空载联动试运行验收合格，测定记录和技术指标数据完整，符合验收条件；

（三）有完整的工程档案和施工管理资料，已按现行《建设工程文件归档整理规范》（GB/T 50328）规定整理完毕；

（四）建设资金已按省下达的投资计划和基建支出预算足额到位，配套资金也全部到位，编制完成竣工财务决算；

（五）具有一定数量的管理、技术人员和相对完善的内部规章制度，能够为农民提供储存、清理、干燥、销售、加工等服务。

四、验收组织

验收组一般由工程小组、财务小组和资料小组组成。建设单位、施工单位、设备生产与安装调试单位、监理单位、设计单位、地勘单位等代表作为被验收单位列席，负责解答验收组的质询。验收会后应形成正式验收报告。

五、验收内容

项目验收应包括以下内容：

（一）审查工程建设的各个环节是否按报备的实施方案内容进行建设；

（二）听取有关单位的工程总结报告，审阅工程档案资料，实地查验建筑工程和设备安装情况，对工程设计、施工和设备质量等方面做出全面的评价；

（三）审查竣工财务决算；

（四）对不合格的工程不予验收，对遗留问题提出具体解决意见，限期整改，形成会议纪要；

（五）对工程作出综合评价，对合格工程签发工程竣工验收报告，形成会议纪要等。

六、验收资料

项目验收资料应包含以下内容：

（一）工程建设类

1. 工程总结报告

1）建设单位的建设总结报告；

2）监理单位的工程质量评估报告；

3）设计单位的质量检查报告；

4）地勘单位的总结报告；

5）施工单位的施工自评报告和工程竣工报告。

2. 备查文件与资料

1）项目实施方案：资金申请报告；

2）批复与主管部门审批文件：立项（备案、批复等）、土地、规划、消防、安监及环保等；

3）设计合同、施工图或竣工图、施工图审查意见、设计变更及相关设计文件、设备清单（含型号、规格、功率及产品标准等信息）；

4）中标通知书、施工许可证；

5）施工合同及监理合同；

6）设备与材料合格证、产品技术说明书、使用手册和试验、测试、检验报告等；

7）各分部及单项工程完工与设备或设施运行记录等；

8）工程设计与施工协调会议记录等资料；

9）施工记录（验槽、隐蔽工程及主体工程验收等）、工程建设大事记；

10）监理检查记录和鉴证等；

11）施工单位签署的工程质量保修书；

12）工程竣工财务决算报告及其审计报告。

13）仓房气密性检测报告。（适用于原址改造项目）

3. 城建档案、规划、消防、防雷、环保、劳动安全与卫生、建设部门验收备案等验收手续。

（二）设备采购类

1. 设备订货合同、发票等；

2. 设备合格证、保修卡、产品技术说明书、使用手册等；

3. 安装调试单位的设备调试报告与实载运行记录等；

4. 管理部门的批准使用文件或合格证明等；

5. 监理单位设施设备检查记录和鉴证等。

项目竣工验收后，项目单位应及时整理工程档案资料一式三套，一套交地方档案部门或上级管理部门，两套留项目单位保存。

七、验收程序

项目验收包括预验收和竣工验收两个阶段。

（一）预验收

一、二类项目竣工验收前，一般由项目单位提出申请，县（市、区）粮食、财政部门组织，会同项目建设单位、监理单位、设计单位、地勘单位及施工单位等组织项目建设预验收；预验收发现的问题应在竣工验收前解决。三类项目可直接申请竣工验收。

（二）竣工验收

具备竣工验收条件的项目可由县（市、区）粮食、财政部门向省辖市粮食、财政部门提出项目竣工验收申请，并准备好验收资料。省辖市粮食、财政部门共同组织竣工验收，也可邀请或委托第三方机构组织竣工验收；省直管县（市）粮食和财政部门负责本辖区内项目的竣工验收；省直企业负责本集团子公司的项目竣工验收。

八、验收时间

项目单位应在项目竣工后一周内提出验收申请。各市县粮食局应在项目单位提出申请后 10 个工作日内启动项目验收程序。粮食产后服务中心建设项目验收工作结束后，各省辖市、省直管县（市）、省财政直管县（市）要及时汇总相关工程资料，包括竣工验收报告、现场验收表等，并上报省粮食局、省财政厅备案。2017～2018 年度粮食产后服务中心建设项目应全部于 2018 年 12 月 30 日前完成验收，以后年度的产后服务中心项目应自省财政厅拨付项目资金之日起 6 个月内完成项目验收。

九、挂牌管理

完成项目验收的单位可加挂"河南省粮食产后服务中心"牌子，牌子尺寸为 60 cm×40 cm，材质为原色不锈钢。上部为河南粮食标识，中部为"河南省粮食产后服务中心"；右下为"发证机关：河南省粮食局""编号×××"；字体为黑体，颜色同河南粮食标识绿色。编号由省粮食局按照项目验收完成时间顺序统一编制，牌子由各项目单位按照要求自行制作。牌子具体格式见附件。

十、其他说明

本办法自印发之日起施行，由省粮食局、省财政厅负责解释。本办法未尽事宜，各市县粮食、财政部门可结合当地实际，制定实施细则，并报省粮食局、省财政厅备案。

附件：1. 粮食产后服务中心建设项目竣工验收报告
　　　2. 粮食产后服务中心建设项目单位应整理归档资料
　　　3. 粮食产后服务中心建设项目施工承包单位向建设单位交付的资料
　　　4. 粮食产后服务中心建设项目监理单位向建设单位提交的档案资料
　　　5. 粮食产后服务中心建设项目竣工验收上报主管部门资料
　　　6. 粮食产后服务中心建设项目竣工财务决算报告
　　　7. 河南省粮食产后服务中心牌子格式

附件1

粮食产后服务中心建设项目竣工验收报告

一、扉页格式

验收主持单位：

项目法人：

监理单位（三类中心没有监理单位的可不填写）：

设计单位（三类中心没有设计单位的可不填写）：

施工单位：

主管单位：

竣工验收日期：　　年　月　日至　年　月　日

竣工验收地点：

二、粮食产后服务中心建设项目竣工验收鉴定书内容

目录

前言（简述竣工验收主持单位、参加单位、时间、地点等）

一、工程概况

（一）工程名称及位置

（二）工程主要建设内容

包括项目批准机关及文号、建设规模、工程建设标准、建设工期、工程总投资、投资来源、工艺设备参数等，叙述到单位工程。

（三）工程建设有关单位

包括项目法人、设计、施工、主要设备制造、监理、咨询、质量监督、粮油仓库主管等单位。

（四）工程施工过程

包括工程开工日期及完工日期、主要项目的施工情况及开工和完工日期，施工中发现的主要问题及处理情况等。

（五）工程完成情况和主要工程量

包括竣工验收时工程形象面貌，实际完成工程量与实施方案工程量对比等。

二、投资执行情况及分析

包括投资计划执行、概算及调整、竣工决算、竣工审计等情况。

三、工程质量鉴定

包括主要单项工程质量情况，鉴定工程质量等级。

四、存在的主要问题及处理意见

包括竣工验收遗留问题处理责任单位、完成时间、主要工艺指标完成情况、工程存在问题的处理建议、对项目经营管理的建议等。

五、验收结论

项目验收组汇总各验收小组情况，经讨论、评议，形成项目验收意见并出具验收结论，分合格、整改合格和不合格三种结论。

（一）经验收，项目建设符合已经向省粮食局、省财政厅报备的实施方案要求，工作量及投资额与报备实施方案一致，管理制度严格，采购程序规范，工程、设备质量合格的，验收鉴定结论为合格。

（二）经验收，项目建设工程量及投资额基本按计划完成，但存在项目管理有瑕疵等情况的，验收组提出整改意见，待整改完毕后，验收组出具整改合格的验收鉴定结论。

（三）有以下情况之一的，验收鉴定结论为不合格：

1. 项目建设的实施与报备实施方案有较大偏差，如实施的具体项目与报备实施方案不符，工程量及投资额严重偏低等；

2. 项目管理存在重大失误，工程质量严重不达标；

3. 挤占、挪用财政资金，或招标投标及采购过程出现违法违纪现象；

4. 提供虚假验收材料。

六、附件

（一）分发验收组的资料目录

（二）保留意见（应由本人签字）

（三）验收组成员签字表（如下表）

	姓名	单位（全称）	职务	职称	签字	备注
主任委员						
副主任委员						

续表

副主任委员						
委员						
委员						
委员						
委员						

（四）粮食产后服务中心建设项目被验收单位代表签字表

姓名	单位（全称）	职务	职称	签字	备注
	建设单位				
	监理单位				
	设计单位				
	施工单位				
	施工单位				
	施工单位				
	安装调试单位				
	项目主管单位				

注：没有监理、设计单位的项目可不填写。

（五）各相关单位的工作总结报告

（六）项目预验收报告

附件 2

粮食产后服务中心建设项目单位
应整理归档资料

建设单位应整理归档的资料主要包括以下内容：

1. 有关项目申报和批复文件；

2. 报备的技术方案（资金申请报告）；

3. 工程招投标文件及中标通知书（适用于招标项目）；

4. 工程报建及批复手续（适用于原址改造项目）；

5. 工程竣工报告；

6. 工程预验收资料及会议纪要；

7. 各子项工程的施工结算资料；

8. 工程竣工决算报告和审计报告（没有审计的项目可不整理）；

9. 施工、监理、设计、订货等合同（没有监理、设计单位的项目可不整理监理、设计资料）；

10. 工程业务联系单；

11. 竣工验收资料；

12. 其他必要资料。

附件 3

粮食产后服务中心建设项目施工承包单位
向建设单位交付的资料

施工承包单位向建设单位交付的资料应按单项工程立卷成册。主要包括以下内容：

1. 施工组织设计及施工方案；

2. 设计交底、图纸会审记录（适用于原址改造项目）；

3. 单位工程开工报告、竣工报告、建（构）筑物、设备等交接清单；

4. 设备、材料的出厂合格证、质量证明书、入场后的检测报告和复试报告；

5. 水准点位置、定位测量记录、沉降及位移观测记录；

6. 各种施工检测记录，隐蔽工程验收记录；

7. 设备、电气、仪表、管道等安装、调试、试压记录；

8. 检验批、分项、分部、单位工程质量检验评定表；

9. 设计变更通知，技术联系单；

10. 工程竣工图；

11. 工程质量监督部门出具的建筑工程竣工验收备案证；

12. 当地县级以上气象局出具的建筑物防雷验收审定报告；

13. 工程质量保修书；

14. 其他必要资料。

附件 4

粮食产后服务中心建设项目监理单位
向建设单位提交的档案资料

（仅适用于有监理单位的项目）

　　监理单位向建设单位提交的档案资料应能够完整反映工程建设过程和监理的全部工作。主要内容有：

1. 项目监理规划及实施细则；
2. 监理月报；
3. 监理例会和专题会议纪要
4. 分项、分部工程质量验收会议纪要和工程质量评估报告；
5. 质量事故的处理资料；
6. 造价控制资料；
7. 质量控制资料；
8. 进度控制资料；
9. 施工安全控制资料；
10. 合同管理资料；
11. 监理通知；
12. 监理人员情况及监理工作总结；
13. 工程质量评估报告；
14. 其他必要资料。

附件 5

粮食产后服务中心建设项目竣工验收上报主管部门资料

建设单位上报主管部门工程竣工验收资料主要包括以下内容：

1. 项目批复及调整文件；
2. 项目基本情况介绍；
3. 工程与验收报告；
4. 工程与验收会议纪要；
5. 工程预验收整改意见；
6. 工程竣工验收申请报告；
7. 拟验工程清单、存在问题及解决建议；
8. 工程整改报告；
9. 工程财务决算和审核、审计报告；
10. 仓房气密性检测报告；
11. 压仓密闭试验检测报告；
12. 工艺设备安装验收试运转情况报告；
13. 电气设备安装报告；
14. 电气设备安装质量评定报告；
15. 环保、规划、劳动安全、卫生、消防、供电、供水、计量、档案等项目批复或认可文件；
16. 建设单位的建设总结报告；
17. 监理单位的工程质量评估报告；
18. 设计单位的质量检查报告；
19. 施工单位的施工自评报告和工程竣工报告；
20. 安装调试单位的设备调试报告和自评报告；
21. 重大技术专题报告；
22. 工程建设大事记；
23. 工程竣工验收鉴定书；
24. 工程竣工图；
25. 工程档案资料自检报告；
26. 其他必要资料。

附件6

粮食产后服务中心建设项目竣工
财务决算报告

一、项目概况

二、项目概算与投资计划

三、专项资金到位、自筹资金筹措情况

四、项目实际完成、资金实际使用情况

五、交付使用资产情况

六、招投标文件及合同执行情况

七、项目资金管理及制度建立情况

八、其他需要说明的情况

附件 7

河南省粮食产后服务中心牌子格式

河南省粮食产后服务中心

发证机关：河南省粮食局

编号：XXXXXX

2019 年河南省粮食产后服务中心
建设项目申报指南

为切实做好 2019 年粮食产后服务中心建设项目申报工作，根据《国家粮食局　财政部关于印发"优质粮食工程"实施方案的通知》（国粮财〔2017〕180 号）和《河南省粮食局　河南省财政厅关于印发"优质粮食工程"实施方案的通知》（豫粮〔2017〕7 号）规定和要求，特制定本申报指南。

一、基本原则

根据《河南省粮食产后服务体系建设实施方案》总体安排，结合本辖区粮食生产、清理、烘干、收储、加工、市场供应需要，制定各县（市、区）粮食产后服务体系建设实施方案，坚持量力而行、突出重点、高效服务原则，组织实施粮食产后服务体系建设工作。

各县（市、区）要统筹考虑辖区内粮食生产能力、收储、物流、城镇规划及国有粮食企业改革等实际情况，按照能力适当、交通便利、合理布局的原则进行粮食产后服务中心建设，切实解决农民存粮、售粮过程中的问题。

为确保按期完成粮食产后服务体系建设工作，要按照相关县（市、区）财政及企业自筹资金能力，合理确定 2019 年建设计划。要优先支持 2014 年以来"粮安工程"危仓老库维修改造和粮库智能化升级项目管理规范、进度快、配套资金落实到位、绩效显著的单位。

二、建设内容

1. 一类中心。对老旧仓房原址改造（包括建设仓房周围道路地坪等基础设施，配置相应的环流熏蒸、智能通风及多功能粮情检测系统等）；必备的安全设施设备；改造营业面积不低于 100 平方米的放心粮油便民店（超市）；建设专用烘干设施；选择配置清理、输送设备；配备快速检化验或常规检化验设备；配备可与全国粮食交易中心平台连接的网上交易终端等。

2. 二类中心。对老旧仓房原址改造（包括建设仓周围道路地坪等基础设施，配置相应的环流熏蒸、智能通风及多功能粮情检测系统等）或建设相应规模的专用烘干设施；必备的安全设施设备；改造营业面积不低于60平方米的放心粮油便民店（超市）；配置清理、输送设备；配备快速检化验或常规检化验设备；配备可与全国粮食交易中心平台连接的网上交易终端等。

3. 三类中心。建设烘干设施；配置清理、输送设备；配备快速检化验或常规检化验设备；必备的安全设施设备；配备可与全国粮食交易中心平台连接的网上交易终端；粮食银行、放心粮油配送中心、放心粮油便民店建设等。

以上三种类型粮食产后服务中心可在规定范围内，根据实际需要选择相应的建设内容进行建设。

三、申报条件

粮食产后服务中心以国有或国有控股粮食仓储企业、粮油加工企业和农民合作社为建设主体，确保一个县有2家以上的建设主体。鼓励和支持产后服务中心与农民合作社采取合作、托管、订单、相互参股或签订协议等多种方式，建立长期稳定的合作关系。

1. 在河南省境内注册，具有独立法人资格，产权明晰，经营情况良好，企业需提供营业执照、组织机构代码证、上年度财务审计报告。

2. 两年内无重大安全储粮事故、致人死亡的安全生产事故，粮油加工企业无产品质量安全事故。

3. 财务状况良好，无违法违规处理记录。

4. 自筹资金来源有保障，筹资方案切实可行。

5. 地方国有或国有控股粮食企业3年内无搬迁计划。建设一类中心的，产粮大县（含超级产粮大县，下同）要求项目库点占地不低于40亩，项目完成后总仓容不低于5万吨；其他县要求项目库点占地不低于30亩，项目完成后总仓容不低于4万吨。建设二类中心的，产粮大县要求项目库点占地不低于30亩，项目完成后总仓容不低于3万吨；其他县要求项目库点占地不低于20亩，项目完成后总仓容不低于2万吨。建设三类中心的，要求项目库点仓容不低于5000吨。

6. 粮油加工企业年加工能力应不低于5万吨，在当地具有一定数量的粮油订单面积，且订单履约率达到30%。

7. 农民合作社入社成员100户以上，现有仓容应不低于5000吨（可通过租赁、合作等方式获得），土地流转规模1000亩以上，粮食产量500吨以上。制度健全、管理规范、带动能力强，聘请专业的管理人员，具有一定的管理能力。独立建设粮食产后服务中心的农民合作社应具有建设用地，并具备筹资能力。

8. 具备开工条件的退城进郊库点可按一类中心申报。

四、申报数量

各县（市、区）粮食产后服务中心建设根据粮食生产的集中度、粮食产量和服务功能的辐射半径确定，且按照满足产后服务需求、近民利民便民的原则合理布局。2017年和2018年已整县推进过的粮食产后服务中心建设县，符合条件且有需求的可补充申报1个二类粮食产后服务中心项目。未申报过粮食产后服务中心建设项目的县按以下规定数量执行。

1. 超级产粮大县。项目总数不超过13个，可按照"一类中心不超过1个，二类中心不超过3个，其余为三类中心"的项目布局建设；或按照"二类中心不超过5个，其余为三类中心"的项目布局建设。

2. 产粮大县。项目总数不超过11个，可按照"一类中心不超过1个，二类中心不超过2个，其余为三类中心"的项目布局建设；或按照"二类中心不超过4个，其余为三类中心"的项目布局建设。

3. 其他县。项目总数不超过6个，可按照"一类中心不超过1个，二类中心不超过2个，其余为三类中心"的项目布局建设；或按照"二类中心不超过3个，其余为三类中心"的项目布局建设。

4. 中原粮食集团、豫粮集团、河南粮食交易物流市场有限公司符合条件且未申报过产后服务项目的库点可以申报产后服务中心项目，每个集团不超过3个；符合条件且有需求的省辖市可补充申报1个市直企业产后服务中心项目。

五、投资限额及补助比例

粮食产后服务中心单个一类中心项目总投资不超过600万元，单个二类中心项目总投资不超过300万元，单个三类中心项目总投资不超过60万元。中央及省财政补助总投资的60%，其余资金由市、县或企业筹集。

六、申报程序和申报材料

（一）申报程序

1. 企业申报。各类符合条件的建设主体可自愿向同级粮食、财政部门提出申请，编写申报材料。省直企业直接向省粮食和物资储备局、省财政厅提出申请。

2. 县级初审。各县（市、区）粮食局、财政局对建设主体上报的建设内容和资金筹措情况进行审核，逐户逐项实地核查。县级人民政府结合本地区实际和企业申报情况，按照申报数量要求确定推荐建设主体，编制全县建设方案（补充申报项目的县无需重新编制方案）。各县（市、区）粮食局、财政局联合行文将本县建设方案和申报材料报上级粮食、财政部门复核。

3. 市级复核。省辖市粮食、财政部门审定核实材料后汇总，于2019年1月31日前，联合行文将各县建设方案和建设主体申请材料（含PDF扫描版）分别报送省财政厅和省粮食和物资储备局（一式2份）。

（二）申报材料

1. 省辖市粮食局、财政局联合推荐文件；

2. 资金申请文件（县（市、区）粮食局、财政局联合行文）；

3. 各县（市、区）建设方案（政府行文）；

4. 粮食产后服务中心建设项目汇总表；

5. 自筹资金承诺函；

6.《粮食产后服务中心建设项目申报材料》（含PDF扫描版）。

（三）申报材料编制要求

1. 总投资额大于150万元的，应委托具备商物粮乙级及以上资质的工程咨询、设计机构编制资金申请报告，有能力的可自行编制资金申请报告。

2. 总投资额小于等于150万元的，可自行编制资金申请报告。

3. 申报材料应按照格式胶装成册，并加盖骑缝章。

省粮食和物资储备局及省财政厅组织专家对各地上报的粮食产后服务中心建设项目及实施方案进行评审，公示无异议后，确定建设项目，拨付专项资金。

七、工作要求

抓好粮食产后服务体系建设工作是保障国家粮食安全的重要举措，各省辖市、县（市、区）财政和粮食部门要在政府的统一领导下，加强沟通协调，分工负责，扎扎实实做好各环节的工作。为确保粮食产后服务体系建设工作顺利进行，要按时报送相关资料，不按时报送的视同自动放弃。

附件：1. 粮食产后服务中心建设项目申请表
　　　2. 粮食产后服务中心建设项目申报材料编制格式
　　　3. 河南省粮食产后服务中心建设项目承诺书
　　　4. ＿＿＿市（县、区）粮食产后服务中心建设项目汇总表

附件1

粮食产后服务中心建设项目申请表

企业名称			企业性质	
通信地址			邮编	
联系人			联系电话	
现有仓容（吨）			仓库数量（栋）	
仓房状况	1980 年以前的仓房×万吨，1980 年至 1990 年之间的仓房×万吨，1990 年至 2000 年之间的仓房×万吨，2000 年以后的仓房×万吨。			
现有清理、烘干、检测设施情况				
库区占地面积		（亩）	粮油加工能力/年	（吨）
土地流转面积		（亩）	农民合作社入社户数	
近三年政策性粮油收储数量		（吨）	近三年粮食产后服务数量	（吨）
2014 年以来是否有粮安工程维修改造、智能化升级项目及项目完成情况（简要概括）				
本地区（企业服务能力所能辐射的）粮食产量及企业现有产后服务情况（简要概括）				

续表

粮食产后服务体系建设情况简介	项目类型	从第一、二、三类服务中心中任选一类
	建设内容	
	资金预算及来源	

项目实现目标及效果	
企业申报资料真实性和自筹资金承诺	法人代表签字：　　　　　　（企业公章）

县级审核意见	县粮食局意见（签章） 　　　　　2019 年　月　日	县财政局意见（签章） 　　　　　2019 年　月　日
市级审核意见	市粮食局意见（签章） 　　　　　2019 年　月　日	市财政局意见（签章） 　　　　　2019 年　月　日

附件 2

粮食产后服务中心建设项目申报材料编制格式

第一部分　申请表

粮食产后服务中心建设项目申请表

第二部分　基本情况

一、企业基本情况

二、营业执照、组织机构代码证、自有土地证明（农民合作社可提供仓房租赁协议）

三、上年度财务审计报告

四、近三年粮食产购储加销情况

五、近三年粮食产后服务推进情况

第三部分　建设规划

一、目标及原则

二、总体布局

三、建设内容

四、实施计划

五、投资测算及来源

第四部分　保障措施

一、组织领导机制

二、责任分解落实

三、资金管理制度

四、项目监管制度

五、绩效评价体系

第五部分　证明材料

一、河南省粮食产后服务中心建设项目承诺书

二、资金承诺书

三、现场核查报告

备注：项目承诺书由建设单位出具；现场核查报告由当地粮食部门出具。资金承诺书要明确配套资金的具体金额和出资人。

附件3

河南省粮食产后服务中心建设项目承诺书

　　为充分体现公开、公平、公正和诚实守信原则，本单位在参与河南省粮食产后服务中心建设项目申报过程中特作以下承诺，保证无任何违规、违纪行为，接受社会各界监督。若有违反，甘愿承担相关法律责任。

　　1. 不提供虚假材料、虚假项目。

　　2. 不以行贿等任何不正当手段，向任何单位或个人谋取不正当照顾。

　　3. 不以提供不正当利益等方式谋求评审专家照顾。

　　4. 项目获得批准后，严格按照政策规定，足额筹措配套资金，保质保量按时完成项目建设任务。

　　5. 主动接受并配合省、市、县财政和粮食部门及有关监督部门的监督检查。

　　承诺单位（盖章）：

　　法人代表（盖章/签字）：

　　联系电话：

                                         2019 年　月　日

附件 4

单位：粮食局（盖章）

_____市（县、区）粮食产后服务中心建设项目汇总表

财政局（盖章）

序号	地市	县（市、区）	项目单位名称	项目地址	主体类型	主体性质	所建库区占地面积（亩）	该库区总仓容（万吨）	该库区仓房数（栋）
合计									

续表

建设内容					项目总投资（万元）	其中：申请中央及省级财政补助（万元）	其中：企业自筹或地方财政配套（万元）	建设类别
一、烘干机类 数量（台）	二、清理、输送、除尘类 数量（台）	三、检化验类（台）	四、信息、销售类	五、原址改造（万吨）				

注：1. 项目地址需包括项目所在地市及县（市、区）名称。

2. 主体类型指国有粮食企业、加工企业、农民合作社或以上联合。

3. 主体性质指国有和民营。

4. 建设类别填一类、二类、三类服务中心。

填报人：

填报时间：

补充申报 2019 年粮食产后服务中心项目

根据《国家粮食局　财政部关于印发"优质粮食工程"实施方案的通知》（国粮财〔2017〕180 号）中粮食产后服务中心"从 2017 年起开始建设，力争在'十三五'末实现全国产粮大县全覆盖"的要求和《河南省粮食局　河南省财政厅关于印发"优质粮食工程"实施方案的通知》（豫粮〔2017〕7 号）"到'十三五'末，全省建成 1016 个粮食产后服务中心，实现 104 个产粮大县和 21 个其他县全覆盖。"的目标，经与省财政厅协商一致，省粮食和物资储备局决定在前期项目申报的基础上，补充申报一批粮食产后服务中心项目。

一、建设内容、申报条件及补助标准

补充申报项目按照《河南省粮食和物资储备局　河南省财政厅关于印发 2019 年河南省粮食产后服务中心建设项目申报指南的通知》（豫粮文〔2019〕8 号）规定执行，建设内容、申报条件及补助标准不变。

二、申报数量

（一）未申报过粮食产后服务中心建设项目的产粮县申报数量按照豫粮文〔2019〕8 号规定的项目类别和数量执行。有需求的可以在规定数量的基础上多申报不超过 3 个三类粮食产后服务中心。

（二）已申报过粮食产后服务中心建设项目但未达到豫粮文〔2019〕8 号规定数量的县可以进行补充申报，补充申报后一类、二类项目数不能超过规定的数量，三类中心可在规定数量的基础上多申报不超过 3 个。

（三）已申报过粮食产后服务中心建设项目且达到规定数量的县，可在规定数量的基础上补充申报不超过 3 个三类粮食产后服务中心。

（四）中原粮食集团、豫粮集团、河南粮食交易物流市场有限公司符合条件且未申报过产后服务项目的库点可以申报产后服务中心项目，每个集团不超过 3 个；符合条件且有需求的省辖市可补充申报 1 个市直企业产后服务中心项目。

三、申报程序和申报材料

（一）申报程序

1. 企业申报。各类符合条件的建设主体可自愿向所在地粮食部门提出申请，编写申报材料。省直企业直接向省粮食和物资储备局提出申请。

2. 县级初审。各县（市、区）粮食部门对建设主体上报的建设内容和资金筹措情况进行审核，逐户逐项实地核查。

3. 市级复核。省辖市粮食和物资储备局审定核实材料后汇总，于2019年4月1日前报送省粮食和物资储备局（一式2份）。

（二）申报材料

1. 省辖市粮食部门推荐文件；

2. 县级粮食局部门资金申请文件；

3. 粮食产后服务中心建设项目汇总表；

4. 自筹资金承诺函；

5.《粮食产后服务中心建设项目申报材料》（含PDF扫描版）。

（三）申报材料编制要求

1. 总投资额大于150万元的，应委托具备商物粮乙级及以上资质的工程咨询、设计机构编制资金申请报告，有能力的可自行编制资金申请报告。

2. 总投资额小于等于150万元的，可自行编制资金申请报告。

3. 申报材料应按照格式胶装成册，并加盖骑缝章。

省粮食和物资储备局与省财政厅组织专家对各地上报的粮食产后服务中心建设项目及实施方案进行评审，公示无异议后，确定建设项目，拨付专项资金。

四、工作要求

（一）各地要认真审查企业的申报材料和基础条件，不符合申报条件的或申报内容超出支持范围的项目不能推荐；已支持过的项目库点不能重复申报。

（二）尚未申报过粮食产后服务中心建设项目的县要积极组织企业申报，勇于担当，主动作为，产粮大县不允许出现项目空白现象。

（三）要按时报送相关资料，不按时报送的视同自动放弃。

附件1

粮食产后服务中心建设项目申请表

企业名称			企业性质	
通信地址			邮编	
联系人			联系电话	
现有仓容（吨）			仓库数量（栋）	
仓房状况	1980 年以前的仓房×万吨，1980 年至 1990 年之间的仓房×万吨，1990 年至 2000 年之间的仓房×万吨，2000 年以后的仓房×万吨。			
现有清理、烘干、检测设施情况				
库区占地面积		（亩）	粮油加工能力/年	（吨）
土地流转面积		（亩）	农民合作社入社户数	
近三年政策性粮油收储数量		（吨）	近三年粮食产后服务数量	（吨）
2014 年以来是否有粮安工程维修改造、智能化升级项目及项目完成情况（简要概括）				
本地区（企业服务能力所能辐射的）粮食产量及企业现有产后服务情况（简要概括）				

续表

粮食产后服务体系建设情况简介	项目类型	从第一、二、三类服务中心中任选一类
	建设内容	
	资金预算及来源	

项目实现目标及效果	

企业申报资料真实性和自筹资金承诺	法人代表签字： （企业公章）

县级审核意见	县粮食局意见（签章） 2019 年　月　日
市级审核意见	市粮食局意见（签章） 2019 年　月　日

附件 2

粮食产后服务中心建设项目申报材料
编制格式

第一部分　申请表

粮食产后服务中心建设项目申请表

第二部分　基本情况

一、企业基本情况

二、营业执照、组织机构代码证、自有土地证明（农民合作社可提供仓房租赁协议）

三、上年度财务审计报告

四、近三年粮食产购储加销情况

五、近三年粮食产后服务推进情况

第三部分　建设规划

一、目标及原则

二、总体布局

三、建设内容

四、实施计划

五、投资测算及来源

第四部分　保障措施

一、组织领导机制

二、责任分解落实

三、资金管理制度

四、项目监管制度

五、绩效评价体系

第五部分 证明材料

一、河南省粮食产后服务中心建设项目承诺书
二、资金承诺书
三、现场核查报告
四、两年内无违法违规记录证明
五、两年内未发生重大安全储粮事故和人员死亡安全生产事故证明

备注：项目承诺书由建设单位出具；现场核查报告、无违法违规记录证明和无安全事故证明由当地粮食部门出具。资金承诺书要明确配套资金的具体金额。

附件 3

河南省粮食产后服务中心建设项目承诺书

　　为充分体现公开、公平、公正和诚实守信原则，本单位在参与河南省粮食产后服务中心建设项目申报过程中特作以下承诺，保证无任何违规、违纪行为，接受社会各界监督。若有违反，甘愿承担相关法律责任。

　　1. 不提供虚假材料、虚假项目。

　　2. 不以行贿等任何不正当手段，向任何单位或个人谋取不正当照顾。

　　3. 不以提供不正当利益等方式谋求评审专家照顾。

　　4. 项目获得批准后，严格按照政策规定，足额筹措配套资金，保质保量按时完成项目建设任务。

　　5. 主动接受并配合省、市、县财政和粮食部门及有关监督部门的监督检查。

承诺单位（盖章）：

法人代表（盖章/签字）：

联系电话：

2019 年　月　日

附件 4

单位:粮食局(盖章)

_____市(县、区)粮食产后服务中心建设项目汇总表

序号	地市	县(市、区)	项目单位名称	项目地址	主体类型	主体性质	所建库区占地面积(亩)	该库区总仓容(万吨)	该库区仓房数(栋)
合计									

续表

| 建设内容 | | | | | 项目总投资（万元） | 其中：申请中央及省级财政补助（万元） | 其中：企业自筹或地方财政配套（万元） | 建设类别 |
一、烘干机 数量（台）	二、清理、输送、除尘类 数量（台）	三、检化验类（台）	四、信息、销售类	五、原址改造（万吨）				

填报人：　　　　　　　　　填报时间：

质检体系篇

召开全省粮食质检体系建设会议

省粮食局定于 2017 年 10 月 30 日在郑州召开全省粮食质检体系建设会议。

一、会议内容

（一）讨论《河南省粮食质检体系建设实施方案》。

（二）讨论全省粮食质检体系建设实施工作。

（三）征求《河南省粮食质检体系建设申报指南》意见建议。

二、参会人员

各省辖市粮食局主管局长、相关科（处、室）负责人各 1 人；省直管县（市）粮食局主管局长；国家粮食局挂牌的粮食质量监测机构主要负责人。

三、会议时间及地点

2017 年 10 月 30 日下午开会，会期半天。会议地点在省粮食局办公楼 3 楼第五会议室。

四、相关要求

请各单位于 2017 年 10 月 29 日前将会议回执（含司机）电子版发至 ylzc 114@ 163. com。

河南省粮食质检体系建设申请材料

根据《国家粮食局办公室关于在粮食流通领域实施"优质粮食工程"有关事项的通知》中"关于国家粮食质量安全检验监测体系申报材料"要求，现就我省粮食质量安全检验监测体系有关事项申请如下：

一、申请事项

河南省申请建设项目共41个，投资总金额3.26亿元。其中：

省级中心1个，投资金额1000万元；

新建市级站2个，投资金额1800万元；

提升市级站15个，投资金额12000万元；

新建县级站20个，投资金额16000万元；

提升县级站3个，投资金额1800万元。

二、申请理由

河南省是全国第一人口大省，也是全国最重要的粮食主产区，粮食总产量占全国的十分之一，其中小麦产量占全国的四分之一以上，商品率达70%以上，调往省外的粮食及制成品年均400亿斤左右，除港澳台外覆盖了我国全部省份。国家粮食储备、地方粮食储备在全国均名列前茅。在全省18个省辖市、10个省直管县（市）共计148个县（市、区）中，年产量10万吨以上的产粮大县就有94个。

近年来，我省严格按照国家粮食局"机构成网络、监测全覆盖、监管无盲区"的总体要求，积极落实《全国粮食质量安全检验监测能力"十二五"建设规划（2011～2015年）》要求，加强协调指导，统筹资源布局，加大资金投入，完善仪器设备设施，全省粮油质检机构检测能力明显提高。全省18个省辖市中，除粮食产量相对较小的三门峡和济源市之外，其余16个省辖市粮油质检机构均获国家粮食局授权挂牌国家粮食质量监测机构。目前，我省共有20家国家粮食质量监测机构，其中：省级监测中心1个，市级监测站 16 个，县级监测站 3 个。

各级粮油检测机构坚持开展收获粮食质量调查和品质测报工作，认真完成了各项粮食库存专项检查、日常抽查和粮食质量安全监测等工作，为保证粮食质量安全监管工作的顺利开展、保障国家粮食质量安全做出了重要贡献。如在 2013 年我省多地发生新收获玉米黄曲霉毒素 B_1 超标、2016 年新收获小麦不完善粒超标情况下，各地检测机构积极履行职责，按照要求规范开展监测检验工作，确保检验数据真实可靠，为上级部门开展后续处置工作和出台相关收购政策提供了严谨科学的数据支撑，发挥了不可替代的作用。

但是，面对我省粮食检测任务量大、点多、面广的情况，我省的粮食质量检验监测体系建设还不完善，粮食检验机构在检验资源整合中的竞争力不强，比如我省现阶段的检验监测基础比较薄弱，特别是基层机构普遍存在着人员不足、装备滞后等情况，县级机构检不了、检不出、检得慢、检不准等问题还比较普遍，全省粮食质量检测能力呈现从上至下依次递减的态势。目前从总体来看，我省粮油质检检验监测体系与国家粮食局"机构成网络、监测全覆盖、监管无盲区"的总体要求还有很大差距，迫切需要进一步完善和加强，恳请国家粮食局继续给予大力支持。

三、实施方案

（一）总体目标

按照"机构成网络、监测全覆盖、监管无盲区"的工作方针，在"十三五"期间，我省建立与完善由 1 个省级、17 个市级和 23 个县级粮食质检机构构成的粮食质量安全检验监测体系，同时配合国家粮食局建立全国粮食质量安全管理电子信息平台，实现国家、省、市、县四级工作联动。

（二）体系建设项目基本条件

粮食质检机构应有与开展工作相适应的场地、人员；属于事业单位或有编办的事业单位批件；配套资金落实或有地方财政部门的资金配套承诺书；其隶属粮食行政管理部门具有项目建设积极性。

（三）体系建设运行机制

1. 功能定位

省级粮食质量监测中心。主要承担粮食质量安全监测预警体系建设和快速反应机制研究，开展粮食质量安全调查、品质测报和监测，提供相关的检验把关服务，为发展"三农"和农户科学储粮提供技术服务，协调、指导域内市、县级粮食质检机构的业务工作，收集粮食质量安全及生产灾害等动态信息，提出有关工作建议和意见。依据国家和行业粮油标准以及国家有关规定，具备检验各种粮食质量指标、品质指标和安全指标的能力。

市级粮食质量监测站。主要承担粮食质量安全调查、品质测报和监测，开展相关的检验把关服务，协助与支持省级粮食质量监测中心开展相关业务工作，以省级粮食质量监测中心为示范，不断拓展工作业务范围。依据国家和行业粮油标准以及国家有关规定，具备检验主要粮食质量指标、品质指标、主要安全指标和域内必检指标的能力。

县级粮食质量监测站。主要承担粮食质量安全调查、品质测报和监测，开展相关的检验把关服务，承担企业粮食质检能力认定具体工作，协助与支持省级粮食质量监测中心开展相关业务工作，承担下乡、进企业扦样和原始样品转送。具备检验主要粮食质量指标、主要品质指标和主要安全指标快检筛查的能力，同时具备原始样品转送能力。

2. 检验任务

检验任务主要包括：收获环节的粮食质量安全调查和品质测报，被检样品直接向农户购买；收购入库环节的质量把关检验，对粮食企业自检结果实行抽查核对检验，对安全指标实行批量检验，对储备粮以及其他政策性粮食实行平仓检验；储存环节的例行抽查检验；销售出库环节，对粮食企业自检的结果实行抽查核对检验，对超期储存粮实行鉴定检验，对安全指标实行把关检验；进入粮食交易平台的，须经准入检验；成品粮销售环节，对军供粮、救灾粮、"放心粮油"等实行抽查检验；对全链条的"中国好粮油"和其他流通渠道销售的成品粮油，实行跟踪抽检或随机抽检。

3. 开展第三方检验

依托粮食行业专业优势，按照积极服务于社会和公正检验原则，开展第三方检验监测服务。第三方粮食质检机构的资质将由省粮食局认定，并报国家粮食局备案。第三方检验的内容主要包括：平仓检验、鉴定检验、准入检验和仲裁检验等，以及法律、政策和粮食、财政等相关行政部门认定的第三方检验内容。

4. 做好质量安全风险监测

按照保障粮食质量安全、促进绿色、优质粮食发展的要求，各级粮食质检机构要承担并做好收购和储存环节的粮食质量安全风险监测工作。监测内容主要包括：质量等级、内在品质、水分含量、生芽、生霉等情况，粮食生产和储存过程中施用的药剂残留、真菌毒素、重金属及其他有害物质污染等情况。各级粮食质检机构每月向本级粮食行政管理部门报送 1 次监测结果，发现问题及时报告，粮食行政管理部门要制订预案，对发现的问题要及时排查，采取相应的防控措施，及时消除安全隐患。

同时，各级粮食质检机构每月将监测结果汇总逐级报至省级粮食质量监测中心，省级粮食质量监测中心在省粮食局的领导下，每季度对本省（自治区、直辖市）粮食质量安全形势做一次全面分析评估，并解决存在的问题。各级粮食质检机构向上级报送监测结果的同时，报告同级财政部门，检查出的问题、风险隐患等及时向同级人民政府食品安全办报告。

（四）建设实施周期

2017 年建设内容：

1. 新建市级站 2 个（信阳、三门峡），每个投资 900 万元，投资总额 1800 万元；

2. 在粮食年产量 10 万吨以上的县（市区）建设粮食质检机构 20 个（巩义、永城、固始、伊川、淇县、舞阳、原阳、淅川、罗山、太康、淇县、灵宝、郸城、商水、西华、项城、沈丘、淮阳、扶沟、周口川汇区），每个投资 800 万元，投资总额 16000 万元。

2019 年建设内容：

1. 建设省级中心 1 个，投资金额 1000 万元；

2. 提升市级站 15 个（郑州、开封、洛阳、平顶山、安阳、鹤壁、新乡、焦作、濮阳、许昌、漯河、南阳、商丘、周口、驻马店），每个投资 800 万元，投资总额 12000 万元；

3. 提升县级站 3 个（滑县、辉县、息县），每个投资 600 万元，投资总额 1800 万元。

（五）投资来源及用途

由中央补助投资和地方财政配套（企业自筹）统筹解决。投资标准和投资比例由财政部、国家粮食局另定。

中央补助投资主要用于配置检验仪器设备，地方配套资金主要用于配套基础设施建设和配置检验仪器设备。

附件：1. 河南省粮食质量检验监测体系建设工作领导小组

　　　　2. 河南省粮食质检体系建设总表

　　　　3. 河南省粮食质检体系建设明细表

附件1

河南省粮食质量检验监测体系建设
工作领导小组

　　组　长：赵启林　局长
　　副组长：刘大贵　副局长
　　成　员：刘君祥　局政策法规处处长
　　冯　伟　局财会处处长
　　周春玲　省粮油饲料产品质量监督检验中心主任
　　领导小组下设办公室，办公室设在局政策法规处，刘君祥同志兼任办公室主任，屈光琳同志任办公室副主任，姚大红、刘新英、尹成华、常诚同志为成员。
　　联系人：刘新英
　　电　话：0371 – 65683680　　18538000515
　　邮　箱：ylzc114@163.com
　　传　真：0371 – 65683114

附件2

河南省粮食质检体系建设总表

（单位：万元）

范围	个数	投资标准	投资金额	备注
合计	41		32600	
省级中心	1	1000	1000	
市级站（新建）	2	900	1800	
市级站（提升）	15	800	12000	
县级站（新建）	20	800	16000	
县级站（提升）	3	600	1800	

附件3

河南省粮食质检体系建设明细表

(单位：万吨，万人，平方米)

序号	单位法人名称 已授权挂牌名称	级别	域内粮食年产量	域内人口数量	单位性质	单位人员数	房屋建筑面积	配套资金情况	单位状态	拟建设年度
1	信阳市粮油质量检验站	科级（市级质检中心）	460	800	财政全供事业单位	15	800	配套 有保证	新建	2017
2	三门峡市粮食局粮食品检验站	科级（市级质检中心）	100	230	公益一类全供事业单位	5	300	有配套 意愿	新建	2017
3	巩义市粮食质量监测中心	股级（县级质检中心）	15.81	82.79	财政全供事业单位	5	60	配套 有保证	新建	2017
4	永城市粮食质量监督检验所	股级（县级质检中心）	141.45	157	公益一类全供事业单位	4	430	有财政承诺文件	新建	2017
5	固始县粮食质量检验监测中心	股级（县级质检中心）	18	170	自收自支事业单位	26	150	配套	新建	2017
6	伊川县粮食质量检验监测站	股级（县级质检中心）	39	83	事业单位	4	100	配套 有保证	新建	2017
7	淇县粮食局粮食检验检测站	股级（县级质检中心）	29.2	29	事业单位	25	210	有配套	新建	2017
8	舞阳县粮油饲料产品质量监督检验所	股级（县级质检中心）	53	55	公益一类以收定支事业单位	26	120	有配套 意愿	新建	2017
9	原阳县粮油质检中心	股级（县级质检中心）	73	60	财政全供事业单位	17	460	配套 有保证	新建	2017
10	淅川县粮油安全管理检测中心	股级（县级质检中心）	25	67	全供事业单位	12	200	配套 有保证	新建	2017
11	罗山县国家粮食储备库	股级（县级质检中心）	74	77	公益一类事业单位	44	560	配套 有保证	新建	2017

续表

序号	单位法人名称 / 已授权挂牌单位名称	级别	域内粮食年产量	域内人口数量	单位性质	单位人员数	房屋建筑面积	配套资金情况	单位状态	拟建设年度
12	太康县粮食检测中心	股级（县级质检中心）	180	148	财政全供事业单位	18	600	配套	新建	2017
13	浚县粮食局粮食检测中心化验室	股级（县级质检中心）	73.4	67	事业单位	3	210	有配套意愿	新建	2017
14	灵宝市粮油检验检测中心	股级（县级质检中心）	24	75	事业单位	5	100	配套	新建	2017
15	郸城县粮油质量监测站	股级（县级质检中心）	120	136	财政全供事业单位	6	360	有保证	新建	2017
16	商水县粮油质量监测站	股级（县级质检中心）	100	121	财政全供事业单位	5	260	配套 有保证	新建	2017
17	西华县粮食质量检验检测中心	股级（县级质检中心）	74	92	财政全供事业单位	5	400	配套 有保证	新建	2017
18	项城市粮食质量检验检测所	股级（县级质检中心）	90	124	财政全供事业单位	10	360	配套 有保证	新建	2017
19	沈丘县粮食质量检验检测中心	股级（县级质检中心）	90	123	财政全供事业单位	5	350	配套 有保证	新建	2017
20	淮阳县粮食质量检验检测中心	股级（县级质检中心）	100	135	财政全供事业单位	8	800	配套 有保证	新建	2017
21	扶沟县粮食质量检测中心	股级（县级质检中心）	56	73	财政全供事业单位	8	800	配套 有保证	新建	2017
22	川汇区粮食质量安全监督管理所	股级（县级质检中心）	30	71	财政全供事业单位	12	320	配套 有保证	新建	2017
23	河南省粮油饲料产品质量监督检验中心 河南国家粮食质量检验中心	处级（省级质检中心）	5946.6	9532.4	公益一类差供事业单位	22	4312	配套 有保证	提升	2019

续表

序号	单位法人名称 / 已授权挂牌名称	级别	域内粮食年产量	域内人口数量	单位性质	单位人员数	房屋建筑面积	配套资金情况	单位状态	拟建设年度
24	郑州市粮食科学研究所 / 河南郑州国家粮食质量检测站	科级（市级质检中心）	78	930	公益一类 全供事业单位	14	800	配套	提升	2019
25	开封粮食质量检验监测中心 / 河南开封国家粮食质量监督检测站	科级（市级质检中心）	231	455	自筹事业单位	13	4740	有保证	提升	2019
26	洛阳市粮油质量监督检测站 / 河南洛阳国家粮食质量监督检测站	科级	210	700	公益一类 全供事业单位	12	680	配套	提升	2019
27	平顶山粮油产品质量监督检验所 / 河南平顶山国家粮食质量检验站	科级（市级质检中心）	159.8	438.8	公益一类 全供事业单位	10	600	有保证	提升	2019
28	安阳市粮油（饲料）产品质量监督检验所 / 河南安阳国家粮食质量监测站	科级	220	459	全供事业单位	12	1030	有财政承诺文件	提升	2019
29	鹤壁市粮食局粮油质量检测中心 / 河南鹤壁国家粮食质量检验站	科级（市级质检中心）	130	161	财政全供事业单位	5	843	有财政承诺文件	提升	2019
30	新乡市粮油（饲料）产品质量监督检验所 / 河南新乡国家粮食质量监督检验站	科级（市级质检中心）	400	575	公益一类 全供事业单位	28	1120	有财政承诺文件	提升	2019
31	焦作市粮油质量安全检测中心 / 河南焦作国家粮食质量监测站	科级	250	352	公益一类 全供事业单位	8	1000	配套	提升	2019
32	濮阳市粮油质量检测中心 / 河南濮阳国家粮食质量检测站	科级（市级质检中心）	270	380	公益一类 全供事业单位	19	1050	有保证	提升	2019
33	许昌市粮食质量检测中心 / 河南许昌国家粮食质量监测站	科级（市级质检中心）	157.5	431.5	公益一类 自支单位	3	520	配套	提升	2019
34	漯河市粮油（饲料）产品质量监督检验站 / 河南漯河国家粮食质量检验站	科级	100	300	公益一类 全供事业单位	12	1061	有保证	提升	2019
35	南阳市粮油质量检测中心 / 河南南阳国家粮食质量监测站	科级（市级质检中心）	521.1	1006	全供事业单位	18	1200	有保证	提升	2019

续表

序号	单位法人名称 已授权挂牌名称	级别	域内粮食 年产量	域内人口 数量	单位性质	单位 人员数	房屋建筑 面积	配套资金 情况	单位 状态	拟建设 年度
36	商丘市粮油食品质量检测中心 河南商丘国家粮食质量监测站	科级 （市级质检中心）	600	900	公益一类 差供事业单位	10	1200	有配套 意愿	提升	2019
37	周口市粮油产品质量监督检测中心 河南周口国家粮食质量监测站	科级 （市级质检中心）	800	1160	公益一类 全供事业单位	8	1200	配套	提升	2019
38	驻马店市粮油质量检测中心 河南驻马店国家粮食质量监测中心	科级 （市级质检中心）	590	901	公益一类 差供事业单位	20	1224.1	有保证 配套	提升	2019
39	滑县粮油质量检测中心 河南滑县国家粮食质量监督监测站	股级 （县级质检中心）	146.8	134.5	公益一类 自筹事业单位	46	1400	配套 有保证	提升	2019
40	辉县市粮食饲料产品质量监督检测站 河南辉县县国家粮食质量监督监测站	股级 （县级质检中心）	56	84	自收自支 事业单位	7	350	有财政 承诺文件	提升	2019
41	息县粮油质量监督检验中心 河南息县国家粮食质量监测站	股级 （县级质检中心）	45	77	财政全供 事业单位	12	869	有财政 承诺文件	提升	2019

河南省粮食质检体系建设项目申报指南

　　为切实做好我省粮食质检体系建设项目申报工作，根据《国家粮食局　财政部关于印发"优质粮食工程"实施方案的通知》（国粮财〔2017〕180号）和《河南省粮食局　河南省财政厅关于印发"优质粮食工程"实施方案的通知》（豫粮〔2017〕7号）有关规定和要求，制定本申报指南。

一、总体要求

　　根据《河南省粮食质量安全检验监测体系建设实施方案》总体安排，2017至2018年度重点安排新建项目。各省辖市、省直管县（市）粮食局要坚持量力而行、突出重点，统筹考虑辖区内人口、粮食产量、自筹资金能力等情况，制定粮食质检体系建设实施方案，组织开展粮油质检体系建设项目申报工作。其他建设主体也要按照实施方案的要求积极组织申报工作。

二、建设目标及功能定位

　　省级粮食质量监测中心。主要承担粮食质量安全监测预警体系建设和快速反应机制研究，开展粮食质量调查、品质测报和粮食质量安全监测，承担好粮油产品检验，提供相关的检验把关服务，为落实"优质粮食工程"项目、发展"三农"和农户科学储粮提供技术服务，协调、指导域内市、县级粮食质检机构的业务工作，收集粮食质量安全及生产灾害等动态信息，提出有关工作建议和意见。依据国家和行业粮油标准以及国家有关规定，具备检验各种粮食质量指标、品质指标和安全指标的能力。有关高校、中央企业和第三方粮食质检机构可参照执行。

　　市级粮食质量监测站。主要承担粮食质量调查、品质测报和粮食质量安全监测，开展相关的检验把关服务，协助与支持省级粮食质量监测中心开展相关业务工作，以省级粮食质量监测中心为示范，不断拓展工作业务范围。依据国家和行业粮油标准以及国家有关规定，具备检验主要粮食质量指标、品质指标、主要安全指标和域内必检指标的能力。

县级粮食质量监测站。主要承担粮食质量调查、品质测报和主要粮食质量安全指标监测，开展相关的检验服务，协助与支持省级粮食质量监测中心开展相关业务工作，承担下乡、进企业扦样和原始样品转送。具备检验主要粮食质量指标、主要品质指标和主要安全指标快检筛查的能力，同时具备原始样品转送能力。

三、建设主体

省级粮食质检机构建设主体为河南省粮油饲料产品质量监督检验中心。市级粮食质检机构建设主体为全省 18 个省辖市粮食质检机构。县级粮食质检机构重点分布在粮食年产量 10 万吨以上或人口在 80 万以上的县（市区）。县级粮油质检机构建设向人口大县、产粮大县、要求迫切、配套资金落实有保证、充分发挥业务效能且便于管理、具有项目建设积极性的地方倾斜。有关高校（具有国家粮食检验检测机构资质，长期从事国家粮食质量检验研究）、中央企业以及第三方粮食质检机构（即：服务于粮食行业的省级第三方粮食质检机构）根据申报情况由省级统筹安排。

四、项目申报

（一）申报条件

1. 申报单位应为粮食行政管理部门直属事业单位或国有粮食企业、有关高校、中央企业和第三方粮食质检机构。

2. 具备与粮食检验工作相适应的场地，房屋建筑面积省级机构不少于 1200 平方米，市级机构不少于 600 平方米，县级机构不少于 400 平方米。有关高校、中央企业和第三方粮食质检机构房屋建筑面积参照省级机构有关标准执行。

3. 应具备开展粮食检验工作的能力，且配备有相应的专业技术人员。

（二）申报数量

根据粮食质检体系建设前期各地申报情况，我省粮食质检体系建设 2017 至 2018 年度计划见附件 1。

（三）申报程序

1. 组织申报。各省辖市、省直管县（市）粮食局、财政局要根据本地实际情况，按照《河南省粮食质量安全检验监测体系建设实施方案》和申报指南要求，组织开展辖区内项目申报工作。

2. 逐级审核。申报单位所在县级粮食、财政部门审核申报材料后，报省辖市粮食、财政部门审核。各省辖市粮食、财政部门确定辖区内申报项目后，向省粮食局、省财政厅以正式文件的形式于 12 月 20 日前报送申报材料，申报项目不得超过附件 1 限额。省直管县（市）和其他有关单位项目申报材料直接报送省粮食局、财政厅。

（四）申报材料

各省辖市粮食、财政部门的联合行文（各一式 2 份，含 PDF 扫描版）；《河南省粮食质检体系建设项目申请表》（附件 2）；各申报单位的粮食质检体系建设申报材料（格式见附件 3）；河南省粮食质检体系建设项目承诺书（附件 4）；自筹资金承诺函。申报材料均含电子文档。各建设主体对申报材料和建设内容的真实性负责。

（五）项目评审

省粮食局和省财政厅组织专家对各地及有关单位上报的粮食质检体系建设项目及实施方案进行评审，经公示无异议后，下达建设项目名单。

五、工作要求

抓好粮食质检体系建设工作是保障国家粮食安全的重要举措，各级粮食和财政部门要在政府的统一领导下，加强沟通协调，分工协作，扎实做好各环节工作。为确保粮食质检体系建设工作顺利进行，各地及有关单位应严格按照要求按时报送相关资料，不按时报送的视同自动放弃。

附件 1

2017～2018 年粮食质检体系建设计划表

省辖市及直管县	建设主体	建设项目计划数
省粮油质检中心	省级	1
信阳	市级	1
开封	县级	2
洛阳	县级	1
安阳	县级	2
鹤壁	县级	2
新乡	县级	3
濮阳	县级	3
许昌	县级	1
漯河	县级	1
三门峡	县级	1
南阳	县级	3
商丘	县级	3
信阳	县级	3
周口	县级	3
驻马店	县级	3
巩义	县级	1
永城	县级	1
固始	县级	1
新蔡	县级	1
汝州	县级	1
长垣	县级	1
鹿邑	县级	1
有关高校、中央企业、第三方粮食质检机构		2
合计		42

附件2

河南省粮食质检体系建设项目申请表

项目单位名称			单位性质	
通讯地址			邮编	
联系人		联系电话		
辖区内粮食年产量（万吨）		辖区人口（万）		
房屋建筑面积（平方米）		专业技术人员（名）		
粮食质检体系建设内容				
自筹资金承诺				
项目单位申报资料真实性承诺	负责人签字： （单位公章）			
县级审核意见	县粮食局意见（签章） 2017 年 月 日		县财政局意见（签章） 2017 年 月 日	
市级审核意见	市粮食局意见（签章） 2017 年 月 日		市财政局意见（签章） 2017 年 月 日	

附件 3

粮食质检体系建设项目申报材料编制格式

第一部分　基本情况

建设项目基本情况

第二部分　建设规划

一、目标及原则
二、总体布局
三、建设内容
四、实施计划、进度安排
五、投资测算及资金来源

第三部分　保障措施

一、组织领导机制
二、责任分解落实
三、资金管理制度
四、项目监管制度
五、绩效评价体系

第四部分　证明材料

一、河南省粮食质检体系建设项目承诺书
二、场地平面图
三、质检人员专业技术能力证明
四、营业执照、组织机构代码证、事业单位登记证等

附件 4

河南省粮食质检体系建设项目承诺书

为充分体现公开、公平、公正和诚实守信原则，本单位在参与河南省粮食质检体系建设项目申报过程中特作以下承诺，保证无任何违规、违纪行为，接受社会各界监督。若有违反，甘愿承担相关法律责任。

1. 不提供虚假材料、虚假项目。

2. 不以行贿等任何不正当手段，向任何单位或个人谋取不正当照顾。

3. 不以提供不正当利益等方式谋求评审专家照顾。

4. 项目获得批准后，严格按照政策规定，保质保量按时完成粮食质检体系任务。

5. 主动接受并配合各级粮食和财政部门及有关监督部门的监督检查。

承诺单位（盖章）：

法人代表（盖章/签字）：

联系电话：

附件 5

粮食质检机构仪器配备参考目录

一、县级站

基本仪器：标准光源、超纯水机、天平、分样器、粉碎机、水分磨、旋风磨、实验磨、谷物选筛、烘箱、马弗炉、振荡器、恒温水浴锅、旋转蒸发器、超声波清洗器、扦样器、除杂机、冰箱。

质量、品质指标：容重器、垄谷机、碾米机、硬度仪、验粉筛、磁性金属物测定仪、小麦粉加工精度测定仪、大米加工精度测定仪、罗维朋比色计、密度计、熔点测定仪、烟点测定仪、阿贝折射仪、电子式粉质仪、拉伸仪、面筋测定仪、降落数值测定仪、全自动凯氏定氮仪、近红外谷物测定仪、紫外 - 可见分光光度计。

卫生指标：微波消化装置、真菌毒素胶体金定量检测系统、X - 荧光重金属快速测定仪、气相色谱仪、原子吸收分光光度计、液相 - 原子荧光联用仪。

实验室改造：水、电、气、通风、制冷、温湿度控制、实验台（柜）、三废处理、应急处理设施、监控设施系统、监管系统、溯源检测系统。

二、市级站

基本仪器：标准光源、超纯水机、天平、分样器、粉碎机、水分磨、旋风磨、实验磨、谷物选筛、烘箱、马弗炉、振荡器、恒温水浴锅、扦样器、除杂机、离心机、pH 计、旋转蒸发器、超声波清洗器、洗瓶机、氮吹仪、冰箱。

质量、品质指标：容重器、垄谷机、碾米机、硬度仪、验粉筛、磁性金属物测定仪、罗维朋比色计、密度计、熔点测定仪、烟点测定仪、阿贝折射仪、大米加工精度测定仪、小麦粉加工精度测定仪、电子式粉质仪、拉伸仪、面筋测定仪、降落数值测定仪、近红外谷物测定仪、全自动凯氏定氮

仪、脂肪测定仪、粗纤维测定仪、针式和面机、面团成型机、醒发箱、烤炉、面条机、食味计、食品体积测定仪、直链淀粉测定仪、紫外 – 可见分光光度计、脂肪酸值测定仪。

卫生指标：微波消化装置、真菌毒素胶体金定量检测系统、X – 荧光重金属快速测定仪、气相色谱仪、原子吸收分光光度计、液相 – 原子荧光联用仪、气相色谱 – 质谱联用仪、离子色谱仪、高效液相色谱仪、液相色谱 – 质谱 – 质谱联用仪。

实验室改造：水、电、气、通风、制冷、温湿度控制、实验台（柜）、三废处理、应急处理设施、监控设施系统、监管系统、溯源检测系统。

三、省级站

基本仪器：标准光源、超纯水机、天平、分样器、粉碎机、水分磨、旋风磨、实验磨、谷物选筛、烘箱、马弗炉、振荡器、恒温水浴锅、扦样器、除杂机、离心机、pH 计、旋转蒸发器、超声波清洗器、洗瓶机、实验室废液收集处理装置、冰箱。

质量、品质指标：容重器、垄谷机、碾米机、硬度仪、除杂机、验粉筛、磁性金属物测定仪、罗维朋比色计、密度计、熔点测定仪、烟点测定仪、阿贝折射仪、大米加工精度测定仪、大米新鲜度测定仪、小麦粉加工精度测定仪、电子式粉质仪、拉伸仪、吹泡仪、混合实验仪、快速粘度测定仪、面筋测定仪、降落数值测定仪、近红外谷物测定仪、全自动凯氏定氮仪、脂肪测定仪、粗纤维测定仪、针式和面机、面团成型机、醒发箱、烤炉、面条机、切片机、食味计、食品体积测定仪、质构仪、直链淀粉测定仪、损伤淀粉测定仪、紫外 – 可见分光光度计、脂肪酸值测定仪、核磁共振测油仪、电位滴定仪、色差计、氨基酸分析仪、氮吹仪、全自动凝胶净化 – 浓缩 – 固相萃取仪、实验室管理系统、培训设备。

卫生指标：微波消化装置、真菌毒素胶体金定量检测系统、X – 荧光重金属快速测定仪、气相色谱仪、原子吸收分光光度计、液相 – 原子荧光联用仪、气相色谱 – 质谱联用仪、离子色谱仪、高效液相色谱仪、液相色谱 – 质谱 – 质谱联用仪、电感耦合等离子发色光谱 – 质谱联用仪、真菌毒素免疫亲和柱、电感耦合等离子发射光谱 – 质谱仪（一体机）、在线超临界萃取 – 超临界色谱 ＝ 三重四级质谱联用仪、X 射线光电子能谱仪、分子荧光光谱仪。

实验室改造：水、电、气、通风、制冷、温湿度控制、实验台（柜）、三废处理、应急处理设施、监控设施系统、监管系统、溯源检测系统。

河南省粮食质检体系建设项目评审办法

为切实做好全省粮食质检体系建设项目评审工作，根据《河南省粮食局 河南省财政厅关于印发"优质粮食工程"实施方案的通知》（豫粮〔2017〕7号）和《河南省粮食局 河南省财政厅关于印发河南省粮食质检体系建设项目申报指南的通知》（豫粮文〔2017〕223号）精神，特制定本办法。

一、评审原则

（一）坚持专家评定项目原则。粮食质检体系建设项目评审工作，坚持公正、公平、择优扶持原则，通过有关单位申报、县（市、区）初审、省辖市（直管县）复审、省粮食局、省财政厅组织专家评审等程序，确定拟支持建设项目。

（二）评审专家抽取原则。专家组成：从"河南省财政厅专家库"随机抽取5名专家。其中，财务类专家1名、粮食检验类专家2名、基建类专家1名、项目管理类专家1名，形成评审专家组，评审小组设组长1名，由全体评审专家选举产生。

二、评审程序

（一）单位申报。根据《河南省粮食质检体系建设项目申报指南》申报条件，各有关单位对照条件自愿进行申报。

（二）材料初审。各县（市、区）粮食局、财政局根据《河南省粮食质检体系建设项目申报指南》要求对辖区内申报的项目进行初审；将通过初审的项目上报省辖市粮食局、财政局。有关高校、中央企业和第三方粮食质检机构的项目直接上报省粮食局、财政厅。

（三）材料复审。省辖市粮食局、财政局对县（市、区）粮食局、财政局报送的项目材料进行复审，不符合要求的项目予以淘汰。未经复审程序的项目，实行一票否决。

（四）省组织专家评审。省粮食局、省财政厅按照专家抽取原则抽取专家，召开专家评审会。专家评审小组按照百分制进行审核评估，并根据项目评审情况，提出拟支持建设的项目单位名单，评审结论由全体参评专家签字。

（五）评审结果公示。省粮食局对拟支持建设项目单位名单进行公示，公示无异议后确定拟支持建设项目。

三、评分标准

（一）单位基本情况 8 分。按照申报单位的性质情况计分。

（二）区域基本情况 8 分。按区域粮食年产量或人口数量计分。

（三）检验能力现状 12 分。根据申报单位具有的粮食质量、品质、食品安全指标检验能力计分。

（四）实验室硬件情况 23 分。根据申报单位具有的试验场地和检验设备计分。

（五）人员情况 13 分。根据申报单位具有专业技术人员数量和职称计分。

（六）方案可行性 8 分。根据建设方案可行性计分。

（七）检验工作业绩 4 分。根据申报单位开展的粮食检验业务情况计分。

（八）资金筹措情况 8 分。视申报材料是否提供自筹资金承诺函计分。

（九）推荐文件 6 分。视申报材料是否提供市级推荐文件。

（十）材料情况 10 分。根据材料是否完整规范等情况计分。

四、评审纪律

项目评审实行回避制度，专家对与自己有利害关系的项目应主动提出回避，不得同任何与评审结果有利害关系的人或单位进行私下接触，不得收受项目申报单位、中介人、其他利害关系人的财物或者其他好处，不得对外透露与评审有关的情况。任何单位和个人不得干扰专家评审工作。

附件：1. 河南省粮食质检体系建设项目评分标准
　　　 2. 河南省粮食质检体系建设项目评审表

附件 1

河南省粮食质检体系建设项目评分标准

序号	指标	分值		评分标准
1	单位基本情况	8分	单位性质(8分)	粮食行政管理部门直属事业单位或国有粮食企业,计8分;有关高校具有国家粮食检验检测机构资质,长期从事粮食质量检验研究,计8分;服务于粮食行业的省级第三方粮食质检机构,计8分;否则不计分
2	区域基本情况	8分	粮食年产量或人口数量(8分)	粮食年产量在10万吨以上或人口在80万人以上的计8分,否则不计分
3	检验能力	12分	质量、品质、食品安全指标检验能力(12分)	省级机构:能够检验主要粮食质量指标,计4分;能够检验主要粮食品质指标,计4分;能够检验主要粮食食品安全指标,计4分 市级机构:能够检验主要粮食质量指标,计4分;能够检验主要粮食品质指标,计4分;能够检验主要粮食食品安全指标,计4分 县级机构:能够检验主要粮食质量指标,计6分;能够检验主要粮食品质指标,计6分
4	具备与粮食检验工作相适应的场地和检验仪器设备	23分	实验与办公用房面积(按平方米计)(20分)	省级机构:没有场地的不计分;不足400 m²,计4分;400~800 m²(不含800 m²,下同),计8分;800~1200 m²,计12分;1200 m²以上的,计20分 市级机构:没有场地的不计分;不足200 m²,计4分;200~400 m²(不含400 m²,下同),计8分;400~600 m²,计12分;600 m²以上的,计20分 县级机构:没有场地的不计分;不足100 m²,计4分;100~250 m²(不含250 m²,下同),计8分;250~400 m²,计12分;400 m²以上的,计20分
			检验仪器设备(3分)	省级具有主要粮食安全指标检验仪器设备的,每台得1分,最多得3分 市级具有主要粮食品质检验仪器设备的,每台得1分,最多得3分 市级具有主要粮食质量检验仪器设备的,每台得1分,最多得3分

续表

序号	指标	分值		评分标准
5	专业技术人员	13分	现有初级技术职称及以上专业技术人员数（以职称证书或上岗证书为据）(10分)	省级机构：5人以上10人以下，计5分；10人以上，计10分，不足不计分
				市级机构：3人以上5人以下，计5分；5人以上，计10分，不足不计分
				县级机构：1人以上3人以下，计5分；3人以上，计10分，不足不计分
			现有中级技术职称及以上专业技术人员数（以职称证书为据）(3分)	省级机构：满2人，计2分；2人以上，计3分，不足不计分
				市级机构：满1人，计2分；1人以上，计3分，不足不计分
				县级机构：满1人，计3分，不足不计分
6	方案可行性	8分	项目规划和保障措施(8分)	项目规划合理的计4分；保障措施完善的计4分；否则酌情计分
7	发挥的作用和工作业绩	4分	承担粮油质量、品质与食品安全检验等任务情况(4分)	根据当地实际情况，检验业务量较充实，计4分；否则酌情计分
8	资金筹措情况	8分	资金自筹情况(8分)	有自筹资金承诺函的得8分，否则不计分
9	推荐文件	6分	是否有市级推荐文件(6分)	有市级推荐文件，计6分；否则实行一票否决。（有关高校、中央企业和第三方粮食质检机构可直接向省级申报）
10	材料情况	10分	材料符合要求情况(10分)	材料完整规范计10分，否则酌情计分

注：有关高校、中央企业和第三方粮食质检机构参照省级机构执行。

附件 2

河南省粮食质检体系建设项目评审表

被评单位名称：

序号	指标	分值	得分	专家签名	评审意见及建议
1	单位基本情况	8 分			
2	区域基本情况	8 分			
3	检验能力	12 分			
4	具备与粮食检验工作相适应的场地和检验仪器设备	23 分			
5	专业技术人员	13 分			
6	方案可行性	8 分			
7	发挥的作用和工作业绩	4 分			
8	资金筹措情况	8 分			
9	推荐文件	6 分			
10	材料情况	10 分			
	合计				

召开全省粮食质检体系项目建设工作会议

河南省粮食局定于 2018 年 7 月 4 日在郑州召开全省粮食质检体系项目建设工作会议。

一、会议内容

安排 2017 年粮食质检体系项目建设有关事宜；部署 2018 年粮食质检体系建设项目申报工作。

二、参会人员

各省辖市、省直管县（市）粮食局、有项目建设任务的县（市）粮食局分管粮食质检体系建设工作的局领导和科（股）负责人（31 个县（市）粮食局由其所在省辖市粮食局负责通知），河南工业大学、河南省粮油饲料产品质量监督检验中心、河南省粮食科学研究所有限公司有关负责人。

三、会议时间与地点

时间：2018 年 7 月 4 日 15：00，14：50 入场完毕，会期半天。

会议地点：省局办公楼 3 楼物流市场交易大厅（地址：郑州市黄河路 11 号）。

四、相关要求

请各单位于 7 月 3 日 12：00 前将参会人员回执（见附件 1）通过电子邮件形式发至省局政策法规处。并请 2017 年度质检体系建设项目单位所在市、县（市）粮食局（见附件 2）将招标委托书（见附件 3）填写盖章后一并带到会上。

附件1

参会人员回执

单　位	姓名	性别	民族	职　务	手机号码	备注

附件2

2017 年度河南省粮食质检体系建设项目名单

序号	项目单位名称
	开封市
1	开封 0218 粮油储备有限公司
2	通许县粮油质检中心
	洛阳市
3	宜阳县地方储备粮购销管理中心
	安阳市
4	内黄县粮油购销有限公司
5	林州市红旗渠有限责任公司
	新乡市
6	卫辉市亚丰粮油购销有限公司
7	河南原阳国家粮食储备库
8	河南获嘉国家粮食储备库
	濮阳市
9	台前县谷丰粮油购销有限公司
10	清丰县粮食质量监测站
11	濮阳县粮食局粮食质量监测站
	许昌市
12	长葛 0911 河南省粮食储备库有限责任公司
	三门峡市
13	河南灵宝国家粮食储备库
	南阳市
14	镇平县粮食粮食质量监测站
15	方城县粮食局科研所
16	河南唐河国家粮食储备库
	商丘市
17	睢县粮食质量监督检验站
18	夏邑县兴栗粮油有限责任公司
19	虞城县融源粮食贸易有限公司

续表

序号	项目单位名称
	信阳市
20	信阳市粮油质量检验站
21	光山县弦丰粮食购销有限公司
22	河南商城国家粮食储备库
23	淮滨县粮油购销总公司
	周口市
24	项城市粮食质量检验检测所
25	沈丘县粮食质量检验检测中心
26	扶沟县粮食质量检测中心
	驻马店市
27	正阳1511 河南省正阳粮食储备库
	长垣县
28	长垣县新蒲粮油有限责任公司
	永城县
29	永城市粮食质量监督检验所
	固始县
30	固始县粮食局粮食检验检测中心
	鹿邑县
31	鹿邑县付桥粮油有限责任公司
	新蔡县
32	河南新蔡国家粮食储备库
	河南省
33	河南省粮食科学研究所有限公司
	有关高校
34	河南工业大学质检中心

附件 3

招标委托书

　　根据《河南省粮食局　河南省财政厅关于印发"优质粮食工程"实施方案的通知》（豫粮〔2017〕7 号）精神，为了加快我省粮食质检体系建设项目采购进度、节约采购成本、保证采购质量、提高工作效率，　×××市、县（市）　同意委托省粮食局对 2017 年度粮食质检体系建设项目所需仪器设备采购进行统一招标。

　　　　　　　　　　　　　　　　　　　　×××市、县（市）粮食局
　　　　　　　　　　　　　　　　　　　　2018 年 7 月　日

2017年全省粮食质检体系建设项目仪器设备委托统一招标

省粮油饲料产品质量监督检验中心：

经局党组研究决定，省粮食局委托你中心对全省2017年度粮食质检体系建设项目所需仪器设备采购进行统一招标。请根据《河南省粮食局 河南省财政厅关于印发"优质粮食工程"实施方案的通知》（豫粮〔2017〕7号）要求，精心组织，认真实施，确保按期完成招标工作。

2017年全省粮食质检体系建设项目共34个，其中：新建省级粮食第三方检验机构1个，新建市级站1个，新建县级站31个，有关高校1个。申请中央、省级财政补助资金总额7800万元。要按照政府采购的相关程序和设备招标采购的有关要求，抓紧办理招标采购手续，择优确定招标采购代理机构，合理划分标段（包数），尽快组织开展招投标工作。中标单位确定后要报省局备案。并组织技术人员对各项目单位上报的采购仪器设备清单进行审核，确保采购的仪器设备在国家确定的指导目录内；对采购的关键设备型号要统一，便于今后开展培训和比对考核；对高价值和重要设备，要组织专业人员进行询价，要在国家确定的仪器设备指导目录内，选配先进的、性价比高的设备。对现有县级质检机构已配置的仪器设备要摸清底数、了解需求，避免造成资源浪费。在项目实施过程中，重大问题和重要事项要及时报告省局。

2018 年度河南省粮食质检体系
建设项目申报指南

为切实做好 2018 年度我省粮食质检体系建设项目申报工作，根据《河南省粮食局　河南省财政厅关于印发"优质粮食工程"实施方案的通知》（豫粮〔2017〕7 号）有关精神，制定本申报指南。

一、总体要求

各省辖市、省直管县（市）粮食局要坚持量力而行、突出重点，统筹考虑辖区内人口数量、粮食产量、质检设施现状等相关因素，制定粮食质检体系建设实施方案，组织开展粮油质检体系建设项目申报工作。

二、项目申报

（一）申报条件

1. 申报单位应为市、县（市、区）级粮食行政管理部门。

2. 具备与粮食检验工作相适应的场地，房屋建筑面积省级机构不少于 1200 平方米，市级机构不少于 600 平方米，县级机构不少于 400 平方米。

3. 应具备开展粮食检验工作的能力，且配备有相应的专业技术人员。

（二）申报数量

2018 年度粮食质检体系计划建设项目 41 个，其中：新建项目 22 个，提升项目 19 个（详见附件 1）。

（三）申报材料

9 月 20 日前，省辖市、省直管县（市）粮食、财政部门报送域内市、县粮食质检机构建设申请（一式三份，含 PDF 扫描版）和《粮食质检体系建设项目申请表》（附件 2），各申报单位的粮食质检体系建设申报材料（格式见附件 3），河南省粮食质检体系建设项目承诺书（附件 4）。申报材料均含电子文档。各申报单位对申报材料和建设内容的真实性负责。

（四）项目评审

省粮食局和省财政厅组织专家对各地及有关单位上报的粮食质检体系建

设项目及实施方案进行评审，经公示无异议后，下达建设项目名单。

（五）项目投资

坚持中央、省级财政适当补助，中央、省与地方共建共享的原则，共同推进粮食质检体系建设。省财政通过定额补助的方式，将补贴资金拨付相关市县，由市县组织采购粮食仪器设备，地方自筹资金用于基础设施的建设和改造，以及购置粮食仪器设备。

（六）建设任务

基于粮食检验监测机构的功能定位和应当达到的检验监测能力要求，重点加强粮食检验仪器设备配置和配套基础设施改善方面的建设。

1. 配置粮食检验仪器设备。各地要在充分利用现有资源的基础上，根据检验监测机构的功能定位和规划目标，确定应配备的检验仪器设备。仪器设备配置坚持技术先进、安全可靠、节能减排原则，能够满足新形势下粮食质量安全监管监测的需要。

2. 配套基础设施。各地及有关单位根据工作需求和配置检验仪器设备的具体情况负责配套基础设施建设和改造。

三、工作要求

抓好粮食质检体系建设工作是保障国家粮食安全的重要举措，各级粮食和财政部门要在政府的统一领导下，加强沟通协调，分工协作，扎实做好各环节工作。为确保粮食质检体系建设工作顺利进行，各地及有关单位应严格按照要求按时报送相关资料，逾期未报送的视同自动放弃。

省粮食局联系人：闫李慧　刘新英

联系电话：0371－65683680

省财政厅联系人：朱科辉

联系电话：0371－65802703

邮箱：ylzc114@163.com

附件：1. 2018～2019年粮食质检体系建设计划表

　　　2. 河南省粮食质检体系建设项目申请表

　　　3. 粮食质检体系建设项目申报材料编制格式

　　　4. 河南省粮食质检体系建设项目承诺书

　　　5. 粮食质检机构仪器配备参考目录

附件1

2018～2019年粮食质检体系建设计划表

序号	单位	建设主体			建设项目计划数（个）			备注
		省	市	县（市）	省	市	县（市）	
1	郑州	\	提升	新建	\	1	1	
2	开封	\	提升	新建	\	1	1	
3	洛阳	\	提升	新建	\	1	1	
4	平顶山	\	提升	新建	\	1	1	
5	安阳	\	提升	新建	\	1	1	
6	鹤壁	\	提升	新建	\	1	1	
7	新乡	\	提升	新建/提升	\	1	2	辉县为提升项目
8	焦作	\	提升	新建	\	1	1	
9	濮阳	\	提升	新建	\	1	1	
10	许昌	\	提升	新建	\	1	1	
11	漯河	\	提升	新建	\	1	1	
12	三门峡	\	新建	新建	\	1	1	
13	南阳	\	提升	新建	\	1	1	
14	商丘	\	提升	新建	\	1	1	
15	信阳	\	提升	新建/提升	\	1	2	息县为提升项目
16	周口	\	提升	新建	\	1	1	
17	驻马店	\	提升	新建	\	1	1	
18	济源	\	新建	\	\	1	\	
19	巩义	\	\	新建	\	\	1	
20	兰考	\	\	新建	\	\	1	
21	滑县	\	\	提升	\	\	1	
22	邓州	\	\	新建	\	\	1	
	合计					41		

附件2

河南省粮食质检体系建设项目申请表

项目单位名称			单位性质	
通讯地址			邮编	
联系人			联系电话	
辖区内粮食年产量（万吨）		辖区人口（万）		
房屋建筑面积（平方米）		专业技术人员（名）		
粮食质检体系建设内容				
自筹资金承诺				
项目单位申报资料真实性承诺	负责人签字： （单位公章）			
县级审核意见	县粮食局意见（签章） 2018 年 月 日		县财政局意见（签章） 2018 年 月 日	
市级审核意见	市粮食局意见（签章） 2018 年 月 日		市财政局意见（签章） 2018 年 月 日	

附件 3

粮食质检体系建设项目申报材料编制格式

第一部分　基本情况

建设项目基本情况

第二部分　建设规划

一、目标及原则

二、总体布局

三、建设内容

四、实施计划、进度安排

五、投资测算及资金来源

第三部分　保障措施

一、组织领导机制

二、责任分解落实

三、资金管理制度

四、项目监管制度

五、绩效评价体系

第四部分　证明材料

一、河南省粮食质检体系建设项目承诺书

二、场地平面图

三、质检人员专业技术能力证明

四、营业执照、组织机构代码证、事业单位登记证等

附件4

河南省粮食质检体系建设项目承诺书

为充分体现公开、公平、公正和诚实守信原则，本单位在参与河南省粮食质检体系建设项目申报过程中特作以下承诺，保证无任何违规、违纪行为，接受社会各界监督。若有违反，甘愿承担相关法律责任。

1. 不提供虚假材料、虚假项目。

2. 不以行贿等任何不正当手段，向任何单位或个人谋取不正当照顾。

3. 不以提供不正当利益等方式谋求评审专家照顾。

4. 项目获得批准后，严格按照政策规定，保质保量按时完成粮食质检体系任务。

5. 主动接受并配合各级粮食和财政部门及有关监督部门的监督检查。

承诺单位（盖章）：

法人代表（盖章/签字）：

联系电话：

附件 5

粮食质检机构仪器配备参考目录

一、县级站

基本仪器：标准光源、超纯水机、天平、分样器、粉碎机、水分磨、旋风磨、实验磨、谷物选筛、烘箱、马弗炉、振荡器、恒温水浴锅、旋转蒸发器、超声波清洗器、扦样器、除杂机、冰箱。

质量、品质指标：容重器、垄谷机、碾米机、硬度仪、验粉筛、磁性金属物测定仪、小麦粉加工精度测定仪、大米加工精度测定仪、罗维朋比色计、密度计、熔点测定仪、烟点测定仪、阿贝折射仪、电子式粉质仪、拉伸仪、面筋测定仪、降落数值测定仪、全自动凯氏定氮仪、近红外谷物测定仪、紫外 - 可见分光光度计。

卫生指标：微波消化装置、真菌毒素胶体金定量检测系统、X - 荧光重金属快速测定仪、气相色谱仪、原子吸收分光光度计、液相 - 原子荧光联用仪。

实验室改造：水、电、气、通风、制冷、温湿度控制、实验台（柜）、三废处理、应急处理设施、监控设施系统、监管系统、溯源检测系统。

二、市级站

基本仪器：标准光源、超纯水机、天平、分样器、粉碎机、水分磨、旋风磨、实验磨、谷物选筛、烘箱、马弗炉、振荡器、恒温水浴锅、扦样器、除杂机、离心机、pH 计、旋转蒸发器、超声波清洗器、洗瓶机、氮吹仪、冰箱。

质量、品质指标：容重器、垄谷机、碾米机、硬度仪、验粉筛、磁性金属物测定仪、罗维朋比色计、密度计、熔点测定仪、烟点测定仪、阿贝折射仪、大米加工精度测定仪、小麦粉加工精度测定仪、电子式粉质仪、拉伸仪、面筋测定仪、降落数值测定仪、近红外谷物测定仪、全自动凯氏定氮

仪、脂肪测定仪、粗纤维测定仪、针式和面机、面团成型机、醒发箱、烤炉、面条机、食味计、食品体积测定仪、直链淀粉测定仪、紫外－可见分光光度计、脂肪酸值测定仪。

卫生指标：微波消化装置、真菌毒素胶体金定量检测系统、X－荧光重金属快速测定仪、气相色谱仪、原子吸收分光光度计、液相－原子荧光联用仪、气相色谱－质谱联用仪、离子色谱仪、高效液相色谱仪、液相色谱－质谱－质谱联用仪。

实验室改造：水、电、气、通风、制冷、温湿度控制、实验台（柜）、三废处理、应急处理设施、监控设施系统、监管系统、溯源检测系统。

三、省级站

基本仪器：标准光源、超纯水机、天平、分样器、粉碎机、水分磨、旋风磨、实验磨、谷物选筛、烘箱、马弗炉、振荡器、恒温水浴锅、扦样器、除杂机、离心机、pH计、旋转蒸发器、超声波清洗器、洗瓶机、实验室废液收集处理装置、冰箱。

质量、品质指标：容重器、垄谷机、碾米机、硬度仪、除杂机、验粉筛、磁性金属物测定仪、罗维朋比色计、密度计、熔点测定仪、烟点测定仪、阿贝折射仪、大米加工精度测定仪、大米新鲜度测定仪、小麦粉加工精度测定仪、电子式粉质仪、拉伸仪、吹泡仪、混合实验仪、快速粘度测定仪、面筋测定仪、降落数值测定仪、近红外谷物测定仪、全自动凯氏定氮仪、脂肪测定仪、粗纤维测定仪、针式和面机、面团成型机、醒发箱、烤炉、面条机、切片机、食味计、食品体积测定仪、质构仪、直链淀粉测定仪、损伤淀粉测定仪、紫外－可见分光光度计、脂肪酸值测定仪、核磁共振测油仪、电位滴定仪、色差计、氨基酸分析仪、氮吹仪、全自动凝胶净化－浓缩－固相萃取仪、实验室管理系统、培训设备。

卫生指标：微波消化装置、真菌毒素胶体金定量检测系统、X－荧光重金属快速测定仪、气相色谱仪、原子吸收分光光度计、液相－原子荧光联用仪、气相色谱－质谱联用仪、离子色谱仪、高效液相色谱仪、液相色谱－质谱－质谱联用仪、电感耦合等离子发色光谱－质谱联用仪、真菌毒素免疫亲和柱、电感耦合等离子发射光谱－质谱仪（一体机）、在线超临界萃取－超临界色谱＝三重四级质谱联用仪、X射线光电子能谱仪、分子荧光光谱仪。

实验室改造：水、电、气、通风、制冷、温湿度控制、实验台（柜）、三废处理、应急处理设施、监控设施系统、监管系统、溯源检测系统。

认真做好 2017 年度全省粮食质检体系
建设项目有关工作

　　2017 年度全省粮食质检体系建设项目所需仪器设备的采购工作，由省局进行统一招标，并经省局党组研究决定，委托河南省粮油饲料产品质量监督检验中心对建设项目进行招标。目前，该项目已在《中国招标投标公共服务平台》《河南省政府采购网》《河南省公共资源交易中心网》发布采购项目招标公告。开标确定中标单位后，各项目单位（见附件）将与中标供应商签订采购合同。该项目资金省财政厅已于 2018 年 6 月 30 日拨付到各项目单位所在市、县财政局（豫财贸〔2018〕39 号文件），需在 2018 年 12 月 31 日前支付完毕，时间紧迫，因此，请各项目所在市、县粮食局提前做好相关准备工作，在公告期间尽快协调当地财政部门，理顺支付程序和手续，确保在规定时间内完成采购合同。全省粮食质检体系建设工作已列入 2018 年度全省粮食安全责任制考核事项中，请各单位认真抓好此项工作。

　　附件：河南省 2017 年粮食质检体系建设项目单位

附件

河南省 2017 年粮食质检体系建设项目单位

序号	项目名称
1	河南省粮食科学研究所有限公司
2	信阳市粮油质量检验站
3	开封市祥符区粮食局
4	通许县粮食局
5	宜阳县粮食局
6	内黄县粮食局
7	林州市粮食局
8	卫辉市发展和改革委员会
9	原阳县粮食局
10	获嘉县粮食局
11	台前县粮食局
12	清丰县粮食局
13	濮阳县粮食局
14	长葛市粮食局
15	灵宝县粮食局
16	镇平县粮食局
17	方城县粮食局
18	唐河县粮食局
19	睢县粮食局
20	夏邑县粮食局
21	河南省虞城县粮食局
22	光山县粮食局
23	商城县粮食局
24	淮滨县粮食局
25	项城市粮食局
26	沈丘县粮食局
27	扶沟县粮食局
28	正阳县粮食局
29	长垣县粮食局
30	永城市粮食质量监督检验所
31	固始县粮食质量检验检测中心
32	鹿邑县粮食局
33	新蔡县粮食局
34	河南工业大学

下达 2018 年度河南省粮食质检体系建设
项目单位名单

　　根据《河南省粮食局　河南省财政厅关于印发"优质粮食工程"实施方案的通知》（豫粮〔2017〕7号）和《河南省粮食局　河南省财政厅关于印发2018年河南省粮食质检体系建设项目申报指南的通知》（豫粮文〔2018〕153号）有关精神，市县粮食、财政部门按要求积极申报，省粮食局和省财政厅组织专家对申报项目进行评审，并将项目评审结果对全社会进行了公示。

　　2018 年度粮食质检体系建设项目补助资金已拨付到项目所在地的财政部门，请有关建设项目所在地粮食局按照《河南省财政厅关于拨付2018年粮食质检体系建设项目补助资金的通知》（豫财贸〔2018〕125号）、《河南省财政厅　河南省粮食局关于加强"优质粮食工程"专项资金管理的通知》（豫财贸〔2018〕10号）和《河南省粮食局　河南省财政厅关于印发2018年河南省粮食质检体系建设项目申报指南的通知》（豫粮文〔2018〕153号）等文件要求，严格执行相关规定，抓紧做好粮食质检体系建设项目实施工作，确保各项目标任务按期完成。

　　附件：2018 年度河南省粮食质检体系建设项目单位名单

附件

2018 年度河南省粮食质检体系建设项目单位名单

一、市级提升项目（12 个）

郑州市粮油质量监测中心
开封市粮食质量检验监测中心
洛阳市粮油质量监督检测站
新乡市粮油饲料产品质量监督检验所
焦作市粮油质量安全检测中心
濮阳市粮油质量检测中心
许昌市粮油质量检测中心
南阳市粮油质量检测中心
商丘市粮油食品质量检测中心
信阳市粮油质量检验站
周口市粮油产品质量监督检测中心
驻马店市粮油质量检测中心

二、县级提升项目（3 个）

滑县粮油品质检测中心
河南辉县国家粮食质量监测站
息县粮油质量监督检验中心

三、新建项目（17 个）

济源市粮食局
巩义市粮食局
兰考县粮食局
邓州市粮食局

尉氏县粮食局

伊川县粮食局

安阳县粮食局

封丘县粮食局

范县粮食局

鄢陵县粮食局

临颍县粮食局

渑池县粮食局

社旗县粮食局

柘城县粮食局

罗山县粮食局

郸城县粮食局

确山县粮食局

全省粮食质检体系项目建设工作会议

省粮食和物资储备局定于 2018 年 12 月 20 日在郑州召开全省粮食质检体系项目建设工作会议。

一、会议内容

安排部署 2017 和 2018 年度粮食质检体系项目建设有关事宜；
组织 2017 年度粮食质检体系项目单位签署供货合同。

二、参会人员

请 2017、2018 年度有粮食质检体系建设项目的省辖市、省直管县（市）粮食局分管局领导和科（股）长及国家挂牌的粮食质检机构负责人参会，辉县、息县及新建县（市）级粮食质检体系建设项目的粮食局参会人员由其所在省辖市粮食局负责通知（详见附件1、2）。

三、会议时间与地点

时间：2018 年 12 月 20 日 14：00，13：50 入场完毕，会期半天。
会议地点：
1. 2017 年度粮食质检体系建设项目单位请到省局办公楼 3 楼物流市场交易大厅；
2. 2018 年度粮食质检体系建设项目的省辖市、省直管县（市）粮食局分管局领导和科（股）长及国家挂牌的粮食质检机构负责人请到省局办公楼 3 楼第五会议室；

四、相关要求

请各单位于 12 月 18 日 12：00 前将参会人员回执通过电子邮件形式发至省局政策法规处。本次会议不再统一安排食宿，费用自理。
2017 年度粮食质检体系建设项目单位按照附件 1 的单位名称携带公章前来参会。

附件1

2017 年度河南省粮食质检体系建设
项目单位名单

河南省粮食科学研究所有限公司

信阳市粮油质量检验站

开封市祥符区粮食局

通许县粮食局

宜阳县粮食局

内黄县粮食局

林州市粮食局

卫辉市发展和改革委员会

原阳县粮食局

获嘉县粮食局

台前县粮食局

清丰县粮食局

濮阳县粮食局

长葛市粮食局

灵宝县粮食局

镇平县粮食局

方城县粮食局

唐河县粮食局

睢县粮食局

夏邑县粮食局

河南省虞城县粮食局

光山县粮食局

商城县粮食局

淮滨县粮食局

项城市粮食局

沈丘县粮食局

扶沟县粮食局

正阳县粮食局

长垣县粮食局

永城市粮食质量监督检验所

固始县粮食质量检验检测中心

鹿邑县粮食局

新蔡县粮食局

附件 2

2018 年度河南省粮食质检体系建设 项目单位名单

一、市级提升项目（12 个）

郑州市粮油质量监测中心
开封市粮食质量检验监测中心
洛阳市粮油质量监督检测站
新乡市粮油饲料产品质量监督检验所
焦作市粮油质量安全检测中心
濮阳市粮油质量检测中心
许昌市粮油质量检测中心
南阳市粮油质量检测中心
商丘市粮油食品质量检测中心
信阳市粮油质量检验站
周口市粮油产品质量监督检测中心
驻马店市粮油质量检测中心

二、县级提升项目（3 个）

滑县粮油品质检测中心
河南辉县国家粮食质量监测站
息县粮油质量监督检验中心

三、新建项目（17 个）

济源市粮食局
巩义市粮食局
兰考县粮食局

邓州市粮食局
尉氏县粮食局
伊川县粮食局
安阳县粮食局
封丘县粮食局
范县粮食局
鄢陵县粮食局
临颍县粮食局
渑池县粮食局
社旗县粮食局
柘城县粮食局
罗山县粮食局
郸城县粮食局
确山县粮食局

做好 2018 年度全省粮食质检体系
建设项目有关工作

　　按照《2018 年度河南省粮食质检体系建设项目申报指南》(豫粮文〔2018〕153 号)要求,2018 年度粮食质检体系建设项目由市、县自行组织采购粮食质检仪器设备。为保证全省粮食质检体系项目建设能够顺利实施、按期完工,不影响全省粮食安全省长责任制考核成绩,现将有关事项通知如下。

一、建设内容

　　根据市、县粮食检验监测机构的功能定位和应当达到的检验监测能力要求,重点做好粮食检验仪器设备配置和配套基础设施建设及改造工作。

　　1. 配置粮食检验仪器设备。各地要在充分利用现有资源的基础上,根据检验监测机构的功能定位和规划目标,确定应配备的检验仪器设备,相关技术参数和要求可参照河南省政府采购网上公示的"2017 年全省粮食质检体系建设专项资金仪器设备采购项目招标文件"。仪器设备配置需坚持技术先进、安全可靠、节能减排的原则,能够满足新形势下粮食质量安全监测监管的需要。

　　2. 配套基础设施。各项目单位根据工作需求和配置检验仪器设备的具体情况负责配套基础设施建设和改造,具体需配置适用的水、电、气、通风、制冷、温湿度控制、实验台(柜)、三废处理、应急处理设施、监控设施系统、监管系统、溯源检测系统等设施。

二、建设进度

　　项目建设分为三个阶段。

　　第一阶段:招标投标及基础设施建设阶段(自文件下发之日起至 4 月 30 日)。市县粮食部门要积极与财政部门联系,各项目建设主体要严格按照国家政府采购、招标投标等法律法规及当地政府有关规定,认真开展项目设计、基建施工、工程监理、设备采购等项目招标投标或政府采购工作。同时,要对检化验室水、电等基础设施进行改造,安装实验台(柜)和三废处理等,使其能满足开展检化验工作的要求,确保招标投标后质检仪器设备能及时进行安装。

第二阶段：安装调试阶段（2019年5月1日至6月30日）。公示中标结果无异议后，尽快与中标单位签署供货合同，确保设备厂家在规定时间内供货到位，及时安排技术人员对仪器设备进行安装调试并对粮食质检人员进行技术培训。安装调试结束后及时完成货款支付。

第三阶段：检查验收阶段（预计2019年7月1日至7月31日）。按照国家关于建设工程文件归档制度，做好项目档案管理。项目建设完成后，项目建设主体要严格按照相关标准要求，认真做好项目验收和资产入账登记等工作。

三、相关要求

（一）加强领导、精心组织。开展粮食质检体系建设是民生工程、民心工程，各地一定要提高认识、高度重视，因地制宜地制定粮食检验监测机构建设详细规划或方案，明确责任，各司其职，各负其责，加强统筹协调，推进各项工作落到实处，确保本地区粮食质检体系建设项目顺利实施。

（二）严肃纪律、规范实施。各地在项目推进过程中，加强党风廉政建设，严格遵守国家的法律、法规和相关政策规定，有效防控廉政风险。厉行节约、严格坚持公平公正、客观真实的原则，对所采购仪器设备科学设定参数、精心制定方案、依法依规采购。在采购过程中，要认真贯彻落实"八项规定"精神，对弄虚作假、谎报瞒报等行为予以批评并责令整改，视情节轻重追究有关责任人的责任。

（三）强化督导、狠抓落实。各省辖市、省直管县（市）粮食部门要切实履行起监督职责，对自行招标的项目单位要加强指导并定期督查，确保项目建设能按期保质完成。根据中央财政资金管理有关规定和《财政部　国家粮食局关于在流通领域实施"优质粮食工程"的通知》（财建〔2017〕290号）、《财政部　国家粮食和物资储备局关于开展"优质粮食工程"实施情况绩效评价的通知》（财建〔2018〕196号）和《河南省财政厅　河南省粮食局关于加强"优质粮食工程"专项资金管理的通知》（豫财贸〔2018〕10号）要求，项目建设过程中，省局和省财政厅将成立联合督导组对各省辖市、省直管县(市)粮食局项目建设资金使用情况进行督查，确保项目资金专款专用。

自本通知下发之日起，各省辖市、省直管县（市）要全面掌握辖区内项目单位工作的进展情况，在每月的28日前，向省局政策法规处报送"'优质粮食工程'——粮食质量安全检验监测体系项目调度填报表（2018年度）"。

2019 年度河南省粮食质检体系建设
项目申报指南

为切实做好 2019 年度我省粮食质检体系建设项目申报工作，根据《河南省粮食局 河南省财政厅关于印发"优质粮食工程"实施方案的通知》（豫粮〔2017〕7 号）有关精神，制定本申报指南。

一、总体要求

各省辖市、省直管县（市）粮食局及相关单位要坚持量力而行、突出重点，统筹考虑辖区内人口数量、粮食产量、质检设施现状等相关因素，制定粮食质检体系建设实施方案，组织开展粮油质检体系建设项目申报工作。

二、项目申报

（一）申报条件

1. 申报单位应为市、县（市、区）级粮食行政管理部门和省直有关单位。

2. 具备与粮食检验工作相适应的场地，房屋建筑面积省级机构不少于 1200 平方米，市级机构不少于 600 平方米，县级机构不少于 400 平方米。

3. 应具备开展粮食检验工作的能力，且配备有相应的专业技术人员。

（二）申报数量

2019 年度粮食质检体系计划建设项目 31 个，其中：新建项目 28 个，提升项目 3 个（详见附件 1）。

（三）申报程序

1. 组织申报。各省辖市、省直管县（市）粮食局、财政局要根据本地实际情况，按照《河南省粮食质量安全检验监测体系建设实施方案》和申报指南要求，组织开展辖区内项目申报工作。

2. 逐级审核。县级粮食、财政部门联合行文提出申请后，报省辖市粮食、财政部门审核。各省辖市粮食、财政部门确定辖区内申报项目后，向省粮食和物资储备局、省财政厅以正式文件的形式于 1 月 29 日前报送申报材料，申报项目数量不得超过附件 1 限额。省直管县（市）和省直有关单位项目申报材料直接报送省粮食和物资储备局、财政厅。

（四）申报材料

省辖市、省直管县（市）粮食、财政部门联合行文报送域内市、县粮食质检机构建设申请（一式三份，含 PDF 扫描版）和《河南省粮食质检体系建设项目申请表》（附件 2），各申报单位的粮食质检体系建设申报材料（格式见附件 3），河南省粮食质检体系建设项目承诺书（附件 4），申报材料均含电子文档。各申报单位对申报材料和建设内容的真实性负责。

（五）项目评审

省粮食和物资储备局和省财政厅组织专家对各地及有关单位上报的粮食质检体系建设项目及实施方案进行评审，经公示无异议后，下达建设项目单位名单。

（六）项目投资

坚持中央、省级财政适当补助，中央、省与地方共建共享的原则，共同推进粮食质检体系建设。省财政通过定额补助的方式，将补贴资金拨付相关市县，由市县组织采购粮食仪器设备。地方自筹资金用于基础设施的建设和改造，以及购置粮食仪器设备。

（七）建设任务

基于粮食检验监测机构的功能定位和应当达到的检验监测能力要求，重点加强粮食检验仪器设备配置和配套基础设施改善方面的建设。

1. 配置粮食检验仪器设备。各地及有关单位要在充分利用现有资源的基础上，根据检验监测机构的功能定位和规划目标，确定应配备的检验仪器设备。仪器设备配置坚持技术先进、安全可靠、节能减排原则，能够满足新形势下粮食质量安全监管监测的需要。

2. 配套基础设施。各地及有关单位根据工作需求和配置检验仪器设备的具体情况负责检化验室的基础设施建设和改造。

三、工作要求

抓好粮食质检体系建设工作是保障国家粮食安全的重要举措，各级粮食和财政部门要在政府的统一领导下，加强沟通协调，分工协作，扎实做好各环节工作。为确保粮食质检体系建设工作顺利进行，各地及有关单位应严格按照要求按时报送相关资料，逾期未报送的视同自动放弃。

附件 1

2019 年度粮食质检体系建设计划表

序号	单位	建设主体			建设项目计划数			备注
		省	市	县（市）	省	市	县（市）	
1	河南省粮油饲料产品质量监督检验中心	提升	\	\	1	\	\	
2	开封	\	\	新建	\	\	1	
3	洛阳	\	\	新建	\	\	2	
4	平顶山	\	\	新建	\	\	2	
5	鹤壁	\	提升	新建	\	1	2	
6	新乡	\	\	新建	\	\	2	
7	焦作	\	\	新建	\	\	1	
8	濮阳	\	\	新建	\	\	1	
9	漯河	\	提升	新建	\	1	1	
10	三门峡	\	\	新建	\	\	1	
11	南阳	\	\	新建	\	\	3	
12	商丘	\	\	新建	\	\	2	
13	信阳	\	\	新建	\	\	2	
14	周口	\	\	新建	\	\	4	
15	驻马店	\	\	新建	\	\	3	
16	汝州市	\	\	新建	\	\	1	
	合计				31(3 个提升,28 个新建)			

附件2

河南省粮食质检体系建设项目申请表

项目单位名称			单位性质	
通讯地址			邮编	
联系人			联系电话	
辖区内粮食年产量（万吨）		辖区人口（万）		
房屋建筑面积（平方米）		专业技术人员（名）		
粮食质检体系建设内容				
自筹资金承诺				
项目单位申报资料真实性承诺	负责人签字：　　　　　（单位公章）			
县级审核意见	县粮食局意见（签章） 2019 年　月　日		县财政局意见（签章） 2019 年　月　日	
市级审核意见	市粮食局意见（签章） 2019 年　月　日		市财政局意见（签章） 2019 年　月　日	

附件 3

粮食质检体系建设项目申报材料编制格式

第一部分　基本情况

建设项目基本情况

第二部分　建设规划

一、目标及原则

二、总体布局

三、建设内容

四、实施计划、进度安排

五、投资测算及资金来源

第三部分　保障措施

一、组织领导机制

二、责任分解落实

三、资金管理制度

四、项目监管制度

五、绩效评价体系

第四部分　证明材料

一、河南省粮食质检体系建设项目承诺书

二、场地平面图

三、质检人员专业技术能力证明

四、营业执照、组织机构代码证、事业单位登记证等

附件4

河南省粮食质检体系建设项目承诺书

为充分体现公开、公平、公正和诚实守信原则，本单位在参与河南省粮食质检体系建设项目申报过程中特作以下承诺，保证无任何违规、违纪行为，接受社会各界监督。若有违反，甘愿承担相关法律责任。

1. 不提供虚假材料、虚假项目。

2. 不以行贿等任何不正当手段，向任何单位或个人谋取不正当照顾。

3. 不以提供不正当利益等方式谋求评审专家照顾。

4. 项目获得批准后，严格按照政策规定，保质保量按时完成粮食质检体系任务。

5. 主动接受并配合各级粮食和财政部门及有关监督部门的监督检查。

承诺单位（盖章）：

法人代表（盖章/签字）：

联系电话：

附件 5

粮食质检机构仪器配备参考目录

一、县级站

基本仪器：标准光源、超纯水机、天平、分样器、粉碎机、水分磨、旋风磨、实验磨、谷物选筛、烘箱、马弗炉、振荡器、恒温水浴锅、旋转蒸发器、超声波清洗器、扦样器、除杂机、冰箱。

质量、品质指标：容重器、垄谷机、碾米机、硬度仪、验粉筛、磁性金属物测定仪、小麦粉加工精度测定仪、大米加工精度测定仪、罗维朋比色计、密度计、熔点测定仪、烟点测定仪、阿贝折射仪、电子式粉质仪、拉伸仪、面筋测定仪、降落数值测定仪、全自动凯氏定氮仪、近红外谷物测定仪、紫外 – 可见分光光度计。

卫生指标：微波消化装置、真菌毒素胶体金定量检测系统、X – 荧光重金属快速测定仪、气相色谱仪、原子吸收分光光度计、液相 – 原子荧光联用仪。

实验室改造：水、电、气、通风、制冷、温湿度控制、实验台（柜）、三废处理、应急处理设施、监控设施系统、监管系统、溯源检测系统。

二、市级站

基本仪器：标准光源、超纯水机、天平、分样器、粉碎机、水分磨、旋风磨、实验磨、谷物选筛、烘箱、马弗炉、振荡器、恒温水浴锅、扦样器、除杂机、离心机、pH 计、旋转蒸发器、超声波清洗器、洗瓶机、氮吹仪、冰箱。

质量、品质指标：容重器、垄谷机、碾米机、硬度仪、验粉筛、磁性金属物测定仪、罗维朋比色计、密度计、熔点测定仪、烟点测定仪、阿贝折射仪、大米加工精度测定仪、小麦粉加工精度测定仪、电子式粉质仪、拉伸仪、面筋测定仪、降落数值测定仪、近红外谷物测定仪、全自动凯氏定氮

仪、脂肪测定仪、粗纤维测定仪、针式和面机、面团成型机、醒发箱、烤炉、面条机、食味计、食品体积测定仪、直链淀粉测定仪、紫外－可见分光光度计、脂肪酸值测定仪。

　　卫生指标：微波消化装置、真菌毒素胶体金定量检测系统、X－荧光重金属快速测定仪、气相色谱仪、原子吸收分光光度计、液相－原子荧光联用仪、气相色谱－质谱联用仪、离子色谱仪、高效液相色谱仪、液相色谱－质谱－质谱联用仪。

　　实验室改造：水、电、气、通风、制冷、温湿度控制、实验台（柜）、三废处理、应急处理设施、监控设施系统、监管系统、溯源检测系统。

三、省级站

　　基本仪器：标准光源、超纯水机、天平、分样器、粉碎机、水分磨、旋风磨、实验磨、谷物选筛、烘箱、马弗炉、振荡器、恒温水浴锅、扦样器、除杂机、离心机、pH计、旋转蒸发器、超声波清洗器、洗瓶机、实验室废液收集处理装置、冰箱。

　　质量、品质指标：容重器、砻谷机、碾米机、硬度仪、除杂机、验粉筛、磁性金属物测定仪、罗维朋比色计、密度计、熔点测定仪、烟点测定仪、阿贝折射仪、大米加工精度测定仪、大米新鲜度测定仪、小麦粉加工精度测定仪、电子式粉质仪、拉伸仪、吹泡仪、混合实验仪、快速黏度测定仪、面筋测定仪、降落数值测定仪、近红外谷物测定仪、全自动凯氏定氮仪、脂肪测定仪、粗纤维测定仪、针式和面机、面团成型机、醒发箱、烤炉、面条机、切片机、食味计、食品体积测定仪、质构仪、直链淀粉测定仪、损伤淀粉测定仪、紫外－可见分光光度计、脂肪酸值测定仪、核磁共振测油仪、电位滴定仪、色差计、氨基酸分析仪、氮吹仪、全自动凝胶净化－浓缩－固相萃取仪、实验室管理系统、培训设备。

　　卫生指标：微波消化装置、真菌毒素胶体金定量检测系统、X－荧光重金属快速测定仪、气相色谱仪、原子吸收分光光度计、液相－原子荧光联用仪、气相色谱－质谱联用仪、离子色谱仪、高效液相色谱仪、液相色谱－质谱－质谱联用仪、电感耦合等离子发色光谱－质谱联用仪、真菌毒素免疫亲和柱、电感耦合等离子发射光谱－质谱仪（一体机）、在线超临界萃取－超临界色谱＝三重四级质谱联用仪、X射线光电子能谱仪、分子荧光光谱仪。

　　实验室改造：水、电、气、通风、制冷、温湿度控制、实验台（柜）、三废处理、应急处理设施、监控设施系统、监管系统、溯源检测系统。